T0131520

Fakt oder Fake? Wie Ihnen Statistik bei der Unterscheidung helfen kann

Werner G. Müller ·
Andreas Quatember

Fakt oder Fake? Wie Ihnen Statistik bei der Unterscheidung helfen kann

Springer

Werner G. Müller
Institut für Angewandte Statistik
Johannes Kepler Universität Linz
Linz, Österreich

Andreas Quatember
Institut für Angewandte Statistik
Johannes Kepler Universität Linz
Linz, Österreich

ISBN 978-3-662-65351-7   ISBN 978-3-662-65352-4   (eBook)
https://doi.org/10.1007/978-3-662-65352-4

Die Deutsche Nationalbibliothek verzeichnet diese Publikation in der Deutschen Nationalbibliografie; detaillierte bibliografische Daten sind im Internet über http://dnb.d-nb.de abrufbar.

Einbandabbildung: ©deblik Berlin

Planung/Lektorat: Iris Ruhmann
Springer ist ein Imprint der eingetragenen Gesellschaft Springer-Verlag GmbH, DE und ist ein Teil von Springer Nature.
Die Anschrift der Gesellschaft ist: Heidelberger Platz 3, 14197 Berlin, Germany

Fakten sind manchmal phantastischer als Fiktionen

(Stephen Hawking: Kurze Antworten auf große Fragen)

Wovon man nicht rechnen kann: ein Vorwort

Wenn Sie heute eine beliebige Nachrichtensendung einschalten, Sie eine Tageszeitung oder ein Magazin lesen oder einschlägigen Einträgen in sozialen Netzwerken folgen, erhalten Sie einen Eindruck davon, welch große Rolle der Statistik bei der Vermittlung von Informationen gegenwärtig zukommt. Damit stellt sich aber automatisch die Frage nach der Qualität des dargebotenen statistischen Materials. In diesem Zusammenhang soll unter den Begriffen „statistische Desinformation" oder „statistische Fälschung" (beziehungsweise „statistischer Fake") die bewusste Verbreitung von erfundenen, manipulierten oder in Täuschungsabsicht missinterpretierten Statistiken auf Basis eines gewissen statistischen Sachverstandes verstanden werden. Wir verwenden hier mit Absicht nicht den zuletzt immer öfter gebrauchten Begriff Fake News, um den Unterton, allen Nachrichten sei potenziell nicht zu vertrauen, zu vermeiden.

Ferner sind auch „statistische Falschinformation" oder „statistischer Irrtum" Gegenstand unserer Betrachtungen. Diese Begriffe bezeichnen das Verwenden von für die vorliegende Fragestellung ungeeigneten statistischen Methoden, die falsche Berechnung von Kennzahlen und das Missinterpretieren von Ergebnissen aus mangelnder statistischer Kompetenz. Beides hat letztlich denselben Effekt für die damit Konfrontierten: Sie werden fehlinformiert, wo sie sich eigentlich informiert glauben, und das, ohne es zu bemerken. Um sich gegen Fakes und Irrtümer und auch dagegen zu wappnen, sich selbst als statistische:r Geisterfahrer:in zu entpuppen, ist ein grundlegendes Verständnis der statistischen Denkweise vonnöten, die sogenannte Statistical Literacy. Der Begriff meint die Fähigkeit, Statistiken verstehen, sie kritisch hinterfragen, ihre Qualität bewerten, sie korrekt interpretieren und mit ihnen faktengerecht argumentieren zu können. Er inkludiert auch, zumindest einfache statistische Kennzahlen selbst berechnen, beziehungsweise entsprechende Rechengänge nachvollziehen zu können.

Die Statistical Literacy ist Bestandteil einer umfassenden Datenkompetenz, der Data Literacy, die neben der Statistical Literacy auch die Aspekte der Datengewinnung oder des Datenmanagements umfasst. Eine solche Datenkompetenz wird zum Beispiel in Studien wie dem an unserer Johannes Kepler Universität JKU Linz (Österreich) beheimateten Bachelorprogramm „Statistik und Data Science" vermittelt. Außerdem ist eine Grundausbildung in Statistik selbstverständlicher Bestandteil aller Studien mit empirischer Ausrichtung. Dass Sie aber nicht gleich studieren müssen, um jenes grundlegende Verständnis der Statistik zu erwerben, mit dem Sie sich gegen Manipulationen durch Des- und Falschinformationen wappnen können, möchten wir

Ihnen in diesem Buch aufzeigen. Dabei geht es nicht, wie in zahlreichen löblichen Büchern der jüngsten Vergangenheit, um das bloße Hinweisen auf Fakten (vgl. etwa: Pesendorfer & Klenk, 2018, 2019, oder Himpele, 2020), und auch nicht um eine weitere Sammlung von statistischen Irrtümern (vgl. etwa: Krämer, 2015, oder Quatember, 2015). Wir wollen vielmehr zeigen, dass sich eine Basismethodenkompetenz der Statistik in vielerlei Anwendungsbereichen auch mit durchschnittlichen Mathematikkenntnissen erreichen lässt. So gesehen lässt sich unser Anspruch am ehesten mit Werken wie Bergstrom und West (2020) oder Salsburg (2017) vergleichen, jedoch mit deutlich stärkerem statistisch-methodischen Fokus.

Zur Erläuterung würden wir Ihnen das gerne an drei Beispielen demonstrieren:

1. In einem Interview, das im August 2018 in der auflagenstärksten österreichischen Tageszeitung unter der Überschrift „Die Situation hat sich verschärft" erschien, antwortete ein Richter vom österreichischen Bundesverwaltungsgerichtshof auf die vom Interviewer gestellte Frage, ob sich die Anzahl der Asylanträge in Österreich im Jahr 2018 im Vergleich zum Vorjahr verringern würde: „Die Situation hat sich eher verschärft! … Auch heuer dürften wieder 25.000 neue Asylanträge in Österreich gestellt werden."[1] Ein Faktencheck zeigt, dass sich die vom österreichischen Innenministerium zu diesem Zeitpunkt für das erste Halbjahr 2018 bereits veröffentlichten Zahlen in Summe auf 7098 gestellte Anträge beliefen. Das waren um 5575 oder 44 % weniger als die 12.673 Anträge im

---

[1] https://www.krone.at/1750288; Zugegriffen: 11.02.2022.

Vergleichszeitraum des ersten Halbjahres 2017.[2,3] Mit der Annahme eines auch in der zweiten Hälfte des Jahres 2018 im Vergleich zu 2017 gleichbleibenden Trends hätte eine Schätzung der Zahl der für 2018 insgesamt zu erwartenden Asylanträge aus den Zahlen des ersten Halbjahres

$$24.735 \cdot (1 - 0{,}44) = 13.852$$

Anträge ergeben. Wie sich am Ende des Jahres herausstellte wurden im Jahr 2018 in Österreich schließlich 13.746 Anträge gestellt.[3] Das waren sogar um *45 %* weniger als die im Zeitungsinterview prognostizierten „wieder 25.000" und das war – wie gezeigt – auch zum Zeitpunkt des Interviews mit ganz geringem statistischem Sachverstand bereits absehbar. Basierend auf den vorliegenden statistischen Fakten konnte man schon zum Halbjahr je nach persönlicher Auffassung natürlich finden, dass eine geschätzte Zahl von knapp 14.000 Anträgen für ein Land wie Österreich zu hoch oder nicht zu hoch ist. Entscheiden Sie für sich, ob es sich um eine bewusste oder eine unbewusste falsche Einschätzung des Interviewten gehandelt hat. Doch was auch immer der Grund war, ihre Wirkung war: Fehlinformation.

Wir beziehen klare Position: Die zu einem bestimmten Thema vorliegenden Fakten mögen in Bezug auf die eigenen Ansichten durchaus nicht immer stimmig sein, aber sie müssen stimmen! Die Idee einer verifizierbaren Wahrheit wird durch den Begriff von daneben ebenso gültigen „alternativen Fakten" konterkariert. Der ehemalige U.S.-Verteidigungsminister James R. Schlesinger

---

[2] https://www.bmi.gv.at/301/Statistiken/files/2018/Asylstatistik_Juni_2018.pdf; Zugegriffen: 05.09.2018.

[3] https://www.bmi.gv.at/301/Statistiken/files/Jahresstatistiken/Asyl-Jahresstatistik_2018.pdf; Zugegriffen: 01.04.2021.

stellte diesbezüglich klar: „Each of us is entitled to his own opinion, but not to his own facts (Jeder hat das Recht auf seine eigene Meinung, aber nicht auf seine eigenen Fakten)!" Oder anders ausgedrückt: Zu Fakten gibt es keine Alternative!

2. Selbstverständlich bieten sich auch Beispiele aus der „Corona-Krise" zur Darstellung unseres Anliegens an: Im Spätsommer 2020 fand man im deutschsprachigen Raum mancherorts Flugzettel von in Bezug auf die Pandemie an eine Verschwörung Glaubenden.[4] Darin wurde – unterstützt von korrekten wissenschaftlichen Erklärungen der Begriffe Sensitivität und Spezifität von diagnostischen Tests (siehe dazu Kap. 3) – behauptet, dass der im Sommer 2020 beobachtete neuerliche „Anstieg der positiven Fälle nur (entstand), weil zu viel getestet (wurde)" und gar nicht auf ein erhöhtes Infektionsgeschehen zurückzuführen war. Grafiken der Entwicklungen der Positiv- und der Todesfälle in vier verschiedenen Ländern sollten diese Schlussfolgerung noch dadurch unterstreichen, dass „die ‚zweite Welle' weltweit ohne erkennbaren Anstieg der Toten (verläuft)", es also gar keine zweite Welle gäbe! Tatsächlich manifestierte sich die Erhöhung bei den Positiv-Fällen – wie bei Verläufen von Infektionskrankheiten üblich – erst zeitverzögert in den Sterbestatistiken. Nur wenige Wochen später entlarvte dann ein Blick auf die Zeitreihe der offiziell registrierten Corona-Todesfälle die tödliche Fehleinschätzung (wie am Beispiel von Österreich in Abb. 1 zu sehen). De facto war der Spätsommer sogar nur der Anfang von dem, was noch

---

[4] https://www.rnz.de/nachrichten/bergstrasse_artikel,-corona-flugblatt-schriesheimer-bekamen-post-vonbodo-schiffmann_arid,561477.html; Zugegriffen: 26.01.2021.

Anzahl der Todesfälle nach Versterbedatum in Österreich

Abb. 1   Tägliche Corona-Todesfälle in Österreich im Jahr 2020[5]

kommen sollte. Ein Muster, welches wir auch bei späteren Wellen dann so beobachten mussten.

In ähnlicher Weise wurde oft die Notwendigkeit oder die Wirksamkeit von Corona-Impfprogrammen von Impfgegner:innen infrage gestellt. Auch hier braucht es bei einem Blick auf die Hospitalisierungszahlen im Vereinigten Königreich (siehe Abb. 2), wo schon ab Dezember 2020 ein rigoroses Impfprogramm durchgezogen wurde, keine großen statistischen Kenntnisse, um den sich mit zunehmendem Impffortschritt einstellenden verzögerten Effekt zu erkennen. Ähnliches lässt sich auch für die vierte Welle im Jahr 2021 zum Beispiel in Israel feststellen. Basierend darauf konnte unter den in diesem Zeitraum gegebenen nichtmedizinischen Maßnahmen kein Zweifel an der Wirksamkeit der Impfungen gegen die damaligen Virusvarianten bestehen. Selbst bei der später

---

[5] https://covid19-dashboard.ages.at/dashboard_Tod.html; Zugegriffen: 20.10.2021.

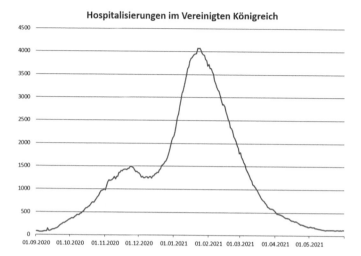

Abb. 2 Covid-19-Hospitalisierungen im Vereinigten Königreich zwischen September 2020 und Mai 2021[6]

auftretenden Omikron-Welle war dies trotz geringerer Impfwirksamkeit noch der Fall. Individuell musste jeder Mensch auf Basis der vorhandenen Fakten zwischen dem das Risiko schwerer Verläufe stark vermindernden Effekt der Impfung und dem geringen Risiko schwerer Impfreaktionen abwägen.

3. Die notorische Verwechslung von Prozenten und Prozentpunkten ist zuverlässige Quelle von Fehlinformation aufgrund mangelnder Statistical Literacy. Der österreichische öffentlich-rechtliche Rundfunk ORF tönte nach der Nationalratswahl 2019 in seinem Onlineauftritt: „Unerwartet hohe Verluste hat die FPÖ bei der aktuellen Nationalratswahl erlitten. 16 Prozent erreichten die Freiheitlichen laut Ergebnis inklusive Briefwahlprognose – zehn

---

[6] https://coronavirus.data.gov.uk/details/healthcare; Zugegriffen: 20.10.2021.

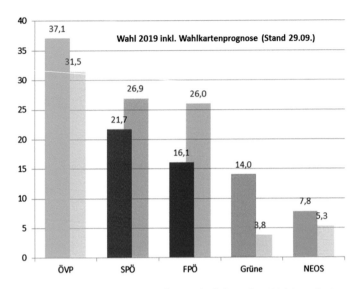

Abb. 3 Vergleich zweier aufeinanderfolgender Wahlergebnisse in Österreich

Prozent weniger als bei der Nationalratswahl 2017."[7] – Schon zehn Prozent weniger wären ein schmerzlicher Verlust für diese Partei gewesen. Allerdings hätten ausgehend vom 2017-Wahlergebnis mit damaligen 26 % zehn Prozent weniger nicht 16, sondern 23,4 % ergeben.

Da das 2019-Ergebnis der vom Ibiza-Skandal getroffenen Freiheitlichen Partei Österreichs (FPÖ) aber 16 % war, hatte diese im Vergleich zur Wahl davor absolut 10 Prozent*punkte* verloren. Relativ aber betrug der Verlust gleich 38 %, also mehr als ein Drittel und nicht nur ein Zehntel ihres früheren Stimmenanteils (vgl. Abb. 3).

Harvard-Psychologieprofessor Steven Pinker schreibt über die Aufgabe der Statistik in unserer Informationsgesellschaft, objektive Grundlagen für Entscheidungen zu liefern:

---

[7] https://orf.at/stories/3139058; Zugegriffen: 11.02.2022.

„Wie können wir angesichts der Tatsache, dass journalistische Gepflogenheiten und kognitive Tendenzen das Schlimmste in uns zum Vorschein bringen, den Zustand der Welt verlässlich einschätzen? Die Antwort lautet: durch Zählen. Wie viele Personen werden in Relation zur Anzahl lebender Menschen Opfer von Gewalt? Wie viele sind krank, hungrig, arm, unterdrückt, unglücklich oder Analphabeten? Und werden diese Zahlen größer oder kleiner? Quantitativ zu denken ist ungeachtet seines streberhaften Anstrichs in Wahrheit moralisch aufgeklärt, weil es jedem Menschenleben den gleichen Wert beimisst, statt diejenigen Personen zu bevorzugen, die uns am nächsten stehen oder am fotogensten sind. Und es birgt die Hoffnung, dass wir die Ursachen des Leids vielleicht benennen können und demzufolge wissen, mit welchen Maßnahmen es sich am wahrscheinlichsten verringern lässt" (Pinker, 2018, S. 61 f.).

Kurz gesagt: Wer Statistik versteht ist klar im Vorteil.

Das Buch, das Sie in Ihren Händen halten, möchte Sie in diesem Sinne auf eine, Ihre diesbezügliche Fitness fördernde Wanderung durch das spannende Gebiet der Statistik einladen. Die zu beschreitenden Pfade sind unserer Überzeugung nach in allen Abschnitten gut begehbar, sind abwechslungsreich und besitzen sogar den ein oder anderen Aussichtspunkt mit einem Fernblick auf mögliche zukünftige selbstständige Unternehmungen. Da und dort erfährt man auch etwas über die Geschichte der einzelnen Passagen. Mögliche mathematische Steilstücke werden gut beschildert in Rastplätze übergeführt, die „Info-Boxen", um Ihnen ein individuelles Tempo zu ermöglichen. Diese geführte Wanderung kann Ihren Blick auf die Welt schärfen, indem sie zeigt, wie man sich dagegen wappnet, durch falsch gelegte Fährten oder die Orientierungslosigkeit von anderen Wanderern vom rechten Weg abzukommen.

Das Kap. 1 „Was man sieht: Desinformative Informationsgrafiken" beschäftigt sich mit verschiedenen Formen von Visualisierungen statistischen Materials, welche eigentlich dazu dienen sollten, dieses korrekt zu veranschaulichen, aber daran (oft bewusst) scheiterten. Im darauffolgenden Kapitel „Wie wir etwas einschätzen: Riskante Zahlen" dreht sich alles um statistische Kennzahlen wie Prozentzahlen oder Korrelationskoeffizienten und die Frage, welche Informationen diese bereitstellen und welche nicht. Das dritte Kapitel „Warum wir sicher sind: Sensitive Wahrscheinlichkeiten" beschäftigt sich mit dem Umstand, dass beispielsweise Patient:innen oft vorab nicht mitgeteilt und hernach falsch erklärt wird, was ein positiver Befund bedeutet. Auf den Unterschied zwischen Datenqualität und Datenquantität verweist das vierte Kapitel mit dem Titel „Wofür etwas steht: Zweifelhafte Repräsentativität". Was man aus der Sicht der Statistik zur längsten Bundespräsidentenwahl der Geschichte Österreichs zu sagen hat, damit setzt sich das Kap. 5 „Wie viel übrig bleibt: Spannende Abweichungen" auseinander. Das sechste Kapitel „Wodurch man lernt: Vorbildliche Versuche" wiederum bläst zur Jagd auf die Jagd nach der Signifikanz. Im anschließenden siebenten Kapitel „Wem man glauben kann: Aufgedeckte Gaunereien" wird gezeigt, wie man mithilfe einfacher Auszählungen von Ziffern Betrüger:innen auf die Fährte kommen kann und wie diese das wiederum vermeiden könnten. Was kurz aufeinanderfolgende Rekorde über Entwicklungen aussagen, wird im achten Kapitel mit der Überschrift „Wenn es extrem wird: Krachende Rekorde" besprochen. Das abschließende „Womit man rechnen musste: Corona – Ein Kapitel für sich" setzt sich mit den statistisch relevanten Fakten der Corona-Pandemie auseinander und ist gleichzeitig eine Gelegenheit für einen Rückblick auf Inhalte der vorangegangenen Kapitel.

An dieser Stelle möchten wir eine Anmerkung zu unserer Verwendung einer inklusiven Schreibweise in diesem Buch, die insbesondere alle Geschlechter gleichermaßen ansprechen soll, machen: Wir, die beiden Autoren, lehren an einer Universität, die sich als solche zu einer diesbezüglichen Vorbildfunktion bekennt. Deshalb verwenden wir seit mehreren Jahren zum Beispiel in all unseren Kursen geschlechtsneutrale Formulierungen beziehungsweise den Genderdoppelpunkt. Schon nach der ersten Woche bekam einer der Autoren per E-Mail eine Rückmeldung, in der sich eine direkt betroffene Person dafür bedankt hat, dass sie sich dadurch zum ersten Mal in einer Lehrveranstaltung inkludiert und nicht ausgegrenzt gefühlt hat. Es mag bezüglich des Themas geschlechtergerechte Sprache unterschiedliche Meinungen geben und ihre Ausformungen auch nicht allen gefallen. Das geschilderte Erlebnis weist aber darauf hin, dass es nicht um das Empfinden jener Menschen gehen sollte, die es inhaltlich gar nicht persönlich betrifft, sondern um das Empfinden derer, die es betrifft. In diesem Sinne, werte Leser:innen, wünschen wir *Ihnen allen* eine spannende Lektüre.

Einige erste Ideen zu den einzelnen Kapiteln dieses Buches entstanden aus unserer Rubrik „Platz für Statistik" in der „Kepler Tribune"[8], dem Periodikum der Johannes Kepler Universität JKU Linz. Für die Unterstützung dabei möchten wir uns gerne bei Elke Strobl von der JKU bedanken. Großen Dank schulden wir natürlich den direkt mit dem Buchprojekt beim Springer Verlag beschäftigten Personen – allen voran Iris Ruhmann, Agnes Herrmann und Amose Stanislaus. Wir bedanken uns ferner bei unseren Ferialpraktikanten Manuel Riedl,

---

[8] https://www.jku.at/kepler-tribune/; Zugegriffen: 11.02.2022.

Benjamin Traugott und Jonas Winter für ihr Engagement. Ein ganz besonderer Dank gebührt schließlich unseren Ehefrauen Evelyn und Konny für kritische Auseinandersetzung und Feedback sowie hilfreichen Beistand in allen Phasen des Projekts.

Werner G. Müller

Andreas Quatember

Literatur

Bergstrom, C. T., & West, J. D. (2020). *Calling bullshit. The art of scepticism in a data-driven world*. Random House.

Hawking, S. (2018). *Kurze Antworten auf große Fragen*. Klett-Gotta.

Himpele, K. (2020). *Statistisch gesehen: Echte Zahlen statt halber Wahrheiten aus Österreich und Deutschland*. Ecowin.

Krämer, W. (2015). *So lügt man mit Statistik*. Campus.

Pesendorfer, K., & Klenk, F. (2018, 2019). *Zahlen bitte!* 1 & 2. Falter.

Pinker, S. (2018). *Aufklärung jetzt. Für Vernunft, Wissenschaft, Humanismus und Fortschritt. Eine Verteidigung*. Fischer.

Quatember, A. (2015). *Statistischer Unsinn. Wenn Medien an der Prozenthürde scheitern*. Springer Spektrum.

Salsburg, D. (2017). *Errors, blunders, and lies: How to tell the difference* (ASA-CRC Series on Statistical Reasoning in Science and Society). CRC Press.

Inhaltsverzeichnis

1 Was man sieht: Desinformative
Informationsgrafiken   1

2 Wie wir etwas einschätzen: Riskante Zahlen   27

3 Warum wir sicher sind: Sensitive
Wahrscheinlichkeiten   57

4 Wofür etwas steht: Zweifelhafte
Repräsentativität   73

5 Wie viel übrig bleibt: Spannende
Abweichungen   97

6 Wodurch man lernt: Vorbildliche Versuche   111

7 Wem man glauben kann: Aufgedeckte
Gaunereien   133

8   Wenn es extrem wird: Krachende Rekorde   149

9   Womit man rechnen musste: Corona – Ein
    Kapitel für sich   163

Stichwortverzeichnis   211

1

Was man sieht: Desinformative Informationsgrafiken

Wenn Sie schon einmal erwerbslos waren, eine bestimmte Krankheit hatten, eine besondere Ausbildung absolviert haben etc., dann werden Sie bestimmt bestätigen, dass es sich bei Arbeitslosenrate, epidemiologischen Fallzahlen oder Bildungsstandstatistiken nicht einfach nur um Zahlen handelt. Nein, es sind mit Inhalten hinterlegte Daten. Die Datenwissenschaft Statistik beschäftigt sich mit Methoden der Analyse dieser Daten, um darin enthaltene Informationen darzulegen. Anstelle der Betrachtung einzelner Fälle werden diese in Tabellen zusammengefasst und durch statistische Kennzahlen charakterisiert, um gerade mit diesem Schritt weg vom Detail an Über- und auch Einblick zu gewinnen.

Aus dieser Aufgabenstellung ergibt sich die Notwendigkeit, die aus den Daten gewonnenen Informationen auch korrekt zu veranschaulichen. Diesem Ziel folgen „Informationsgrafiken" wie zum Beispiel einfache

© Der/die Autor(en), exklusiv lizenziert an Springer-Verlag GmbH, DE, ein Teil von Springer Nature 2022
W. G. Müller und A. Quatember, *Fakt oder Fake?*
Wie Ihnen Statistik bei der Unterscheidung helfen kann,
https://doi.org/10.1007/978-3-662-65352-4_1

sogenannte Säulen- (oder Stab-), Balken-, Kreis- (oder Torten-) und Liniendiagramme (siehe die „Info-Box: Veranschaulichung von Häufigkeitsverteilungen"), welche in unserer Informationsgesellschaft tagtäglich in sämtlichen Print- oder Onlinemedien zur Vermittlung statistischer Sachverhalte zu finden sind.

Die erste Anwendung dieser Verbildlichungen statistischer Fakten erfolgte wohl gegen Ende des 18. Jahrhunderts durch den britischen Ökonomen William Playfair (1759–1823) in seinem „Commercial and Political Atlas" zur Vermittlung ökonomischer Kennzahlen wie etwa Handelsbilanzen (vgl. etwa: Kohlhammer et al., 2018, Abschn. 2.5.2). Geradezu zu einer Kunstform erhoben wurden diese Visualisierungen durch den österreichischen Sozial- und Wirtschaftswissenschaftler Otto Neurath (1882–1945) gegen Ende der 1920er Jahre mit der „Wiener Methode der Bildstatistik".

In den gemeinsam mit dem deutschen Grafiker Gerd Arntz im Rahmen der später ISOTYPE (International System of Typographic Picture Education) genannten Schule entworfenen Piktogrammen sollten etwa die Balken von Balkendiagrammen durch Symbole ersetzt werden, die für die Betrachtenden automatisch eine Assoziation zum Untersuchungsgegenstand herstellen. Dieser Schule folgend wurde zum Beispiel die Entwicklung des Kraftwagenbestandes in den Vereinigten Staaten von Amerika und dem Rest der Welt durch jeweils nebeneinander angeordnete Kraftfahrzeuge visualisiert, die jeweils 250.000 Wägen symbolisierten (Abb. 1.1). Damit sollte eine universell verständliche Bildstatistik geschaffen werden, die einen Beitrag zur „Demokratisierung des Wissens" leisten sollte (vgl. etwa: Rohde & Schimpf, 2019, S. 58–69).

Gerade wegen ihrer großen Beliebtheit werden solche Piktogramme und sämtliche Informationsgrafiken

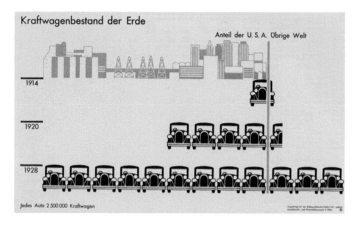

Abb. 1.1 Kraftwagenbestand in den USA und der restlichen Welt von 1914 bis 1928 (Otto Neurath)[1]

oft in manipulativer Absicht dazu verwendet, bei den Betrachtenden den Fakten zuwiderlaufende Eindrücke zu hinterlassen. Ein besonderes Beispiel dafür bietet die in Abb. 1.2 wiedergegebene Sammlung von Grafiken zum Thema Reichweite, welche am 2. November 1991 in der österreichischen Tageszeitung „Kurier" erschienen ist. Hier merkt man auf den ersten Blick die Absicht und ist verstimmt.

Schon die Frage, wer „Entscheider" oder „Macher", beziehungsweise „wirtschaftspolitisch Interessierte" genau sind, wird selbstverständlich nicht erklärt. Aber abgesehen davon sind die grafischen Eingriffe hier so vielfältig und zahlreich, dass der Fake kaum übersehen werden kann. Der Fall eignet sich gerade deshalb so gut zur Verdeutlichung anderswo vielleicht subtiler eingesetzter Mittel.

---

[1] https://www.digital.wienbibliothek.at/urn/urn:nbn:at:AT-WBR-125389 (S. 56); Zugegriffen: 24.02.2022.

Abb. 1.2 Einige recht plumpe grafische Fakes zum Thema Zeitungsreichweite

Beginnen wir mit dem linken oberen Panel: die Reihenfolge der Zeitungen (ein sogenanntes nominal-skaliertes Merkmal) ist unerheblich. Dennoch wird diese und die Dreidimensionalität mit ihrem Betrachtungs-winkel dazu eingesetzt, ein an eine Sprungschanze erinnernde Darstellung zu erzielen. Diese lässt den Vor-sprung des „Kuriers" durch die Perspektive größer erscheinen, die Rotfärbung trägt das Ihre dazu bei. Diese wird zur Hervorhebung auch im nächsten Panel rechts oben benutzt. Es fällt überdies auf, dass die 37,5 % des „Kuriers" mehr als doppelt so hoch erscheinen wie die 25,2 % der Zeitung „Die Presse". Diese Verletzung der Proportionalität kommt einfach dadurch zustande, dass man die Säulen nicht bei der natürlichen Null, sondern einer größeren Zahl (hier in etwa 10 %) beginnen lässt. Das Abschneiden der y-Achse ist vielleicht der größte Klassiker bei der Verfälschung von Stabdiagrammen.

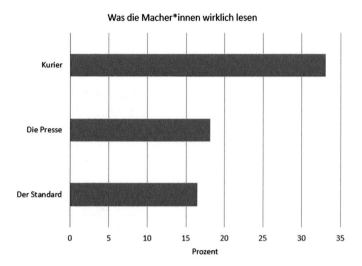

Abb. 1.3 Eine korrekte Darstellung der Reichweiten aus Abb. 1.2 (aber immer noch ohne „Kronen Zeitung")

Immerhin etwas subtiler wird im unteren Panel vorgegangen. Hier scheint die Proportionalität (halbwegs) gewahrt. Die gewählte Schraffur im Hintergrund lässt allerdings die Abstände in den höheren Regionen der Skala größer erscheinen, die Ausrichtung der Balken (nach oben klarerweise beim „Kurier", nach unten beim Standard) verstärkt den Effekt (vergleichen Sie mit der korrekten Abb. 1.3). Den Gipfel der Manipulation stellt wohl allerdings das Faktum dar, dass die mit Abstand auflagen- und reichweitenstärkste österreichische Tageszeitung, die „Kronen Zeitung", in diesem Vergleich der Reichweiten von Tageszeitungen in unterschiedlichen Bevölkerungsgruppen erst gar nicht vorkommt. Der mutmaßlich zweite Platz für den „Kurier" hätte dann auch nicht so gut ausgesehen.

Ein ähnliches Ausmaß an visueller Verfälschung der Tatsachen fand sich auf andere Art und Weise am 5. August

2016 in einem Säulendiagramm eines Onlineartikels der „Kronen Zeitung" (siehe Abb. 1.4). Die Grafik sollte in einem Beitrag mit dem Titel „Wien: Schon 9815 Türken erhalten Mindestsicherung" die Staatszugehörigkeit der in Wien lebenden Beziehenden von bedarfsorientierter Mindestsicherung bei sozialen Notlagen beschreiben.[2] Dazu schreibt die „Kronen Zeitung":

> *„Die größte Gruppe in der Liste der Mindestsicherungsbezieher ist aber jene der ‚ungeklärten Staatsbürgerschaft'. Dass es sich bei den 16.712 Personen um Flüchtlinge handelt, deren Asylstatus nicht anerkannt wurde, wird im Büro der Sozialstadträtin dementiert. Zitat: ‚Das liegt nur daran, dass beim Zentralen Melderegister bei diesen Personen das Feld ‚Staatsangehörigkeit' nicht ausgefüllt ist'".[3]*

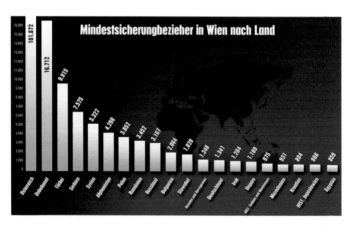

Abb. 1.4 Häufigkeiten der Mindestsicherungsbezieher:innen nach Staatsangehörigkeit[4]

---

[2] https://www.derstandard.at/story/2000042770666/kritik-an-verzerrender-krone-grafik-zu-mindestsicherung; Zugegriffen: 31.03.2021.

[3] https://www.krone.at/523262; Zugegriffen: 31.03.2021.

[4] https://www.krone.at/523262; Zugegriffen: 31.03.2021.

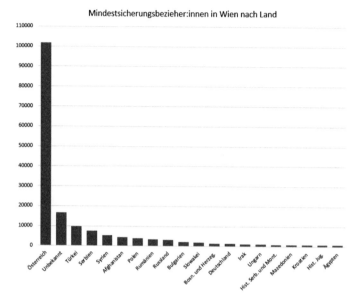

Abb. 1.5 Korrekt dargestellte Häufigkeiten der Mindestsicherungs-bezieher:innen nach Staatsangehörigkeit

Schon beim ersten Blick auf die Grafik wird klar, dass die Gruppe jener mit im Melderegister nicht ausgefüllter Staatsangehörigkeit nicht – wie behauptet – die größte Gruppe darstellt. Das sind die Bezieher:innen mit österreichischer Staatsbürger:innenschaft, deren Säule jene der oben genannten Gruppe überragt. Neben diesem verbalen Fake wird das Diagramm aber vor allem dadurch vollkommen verfälscht, dass das Verhältnis der Anzahl der österreichischen Staatsbürger:innen zu denen anderer Länder durch die jeweiligen Säulenhöhen nicht auch nur annähernd wahrheitsgetreu wiedergegeben wird (vergleichen Sie mit den korrekten Verhältnissen in Abb. 1.5). Hier wird der Effekt dadurch erzielt, dass die *y*-Achse willkürlich nach oben hin abgeschnitten wird (bei etwas über 16.000 Personen) und so die Säule für die deutliche

Mehrheit der Österreicher:innen mit mehr als 100.000 Bezieher:innen einfach keinen Platz mehr findet.

Wäre die Dramatik des Textes und seines Titels mit der korrekten Abb. 1.5 zu halten gewesen, in der die Säule der Österreicher:innen rund 6-mal so hoch wie die Säule derer mit unbekannter Staatsbürgerschaft und etwa 10-mal so hoch wie die der Türk:innen gewesen wäre? – Wie auch immer man politisch zu den statistischen Fakten stehen mag, der Artikel verbreitet mit dieser „Desinformationsgrafik" jedenfalls statistische Fehlinformationen. Und da tut es absolut nichts zur Sache, dass in der Originalgrafik immerhin die Zahlen korrekt eingetragen sind, weil es bei Grafiken selbstverständlich auf den vermittelten visuellen Eindruck ankommt. Wozu sonst verwendet man sie denn?

Eine weitere Anmerkung zu Abb. 1.4 sei noch erlaubt. Die Darstellung der Weltkarte im Hintergrund hat keinerlei Informationswert und rein dekorativen Charakter. Solche Elemente werden von Edward Tufte, einem Guru der Datenvisualisierung, als Chart-Junk bezeichnet. Er plädiert für deren Weglassung und insgesamt für eine Maximierung des von ihm so bezeichneten Daten-Tinte-Verhältnisses (siehe Tufte, 2001).

Für Daten, die sich auf eine Gesamtheit addieren, werden oft Kreis- oder Tortendiagramme benutzt. Auch dabei sind in Hinblick auf eine korrekte Wahrnehmung (man achte auf den Wortsinn von „Wahr-Nehmung") der Informationen einige Regeln zu beachten (beziehungsweise für eine bewusste Manipulation zu missachten). Häufig wird etwa bei Kreisdiagrammen außer Acht gelassen, dass diese Darstellungsform für Fragen, bei denen mehrere Antworten gegeben werden dürfen, nicht geeignet ist. In Abb. 1.6 aus dem Präsidentschaftswahlkampf in den USA im Jahr 2012 wurde zum Beispiel suggeriert, dass Sarah Palin unter den Republikanern die Favoritin sei. Da sich die beigefügten Zahlenangaben

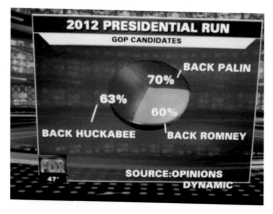

Abb. 1.6 Ein Tortendiagramm präsentiert von „Fox News"[5]

allerdings nicht auf 100 % summieren, ist davon auszugehen, dass Mehrfachantworten möglich waren und die tatsächlichen Präferenzen möglicherweise ganz anders verteilt gewesen sein könnten.

Eine andere Art der Manipulation wird in folgendem Beispiel deutlich. In einem in der Zeitung „Der Standard" erschienenen Artikel werden die verschiedenen Koalitionsvarianten zur Bildung einer Regierung nach den österreichischen Nationalratswahlen vom September 2019 kommentiert. Man entschied sich zur Visualisierung der Kräfteverhältnisse der im Nationalrat vertretenen Parteien für ein Kreisdiagramm, das sich in dieser Form allerdings bestenfalls als Lehrbeispiel für eine Desinformationsgrafik eignet (siehe Abb. 1.7). In Kreisdiagrammen werden primär die Flächen der Kreissegmente optisch „wahr genommen". Im nicht dem festgelegten statistischen Standard folgenden Diagramm entsprechen aber nicht

---

[5] https://www.businessinsider.com/fox-news-charts-tricks-data-2012-11; Zugegriffen: 07.03.2022.

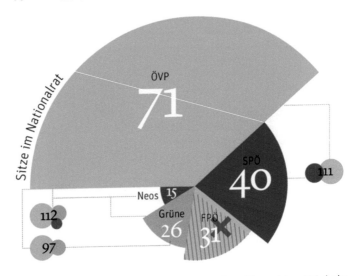

Sitze im Nationalrat

ÖVP
71

SPÖ
40

111

Neos 15

112

Grüne
26

FPÖ
31

97

Abb. 1.7 Ein Kreisdiagramm mit proportional korrekten Winkeln und Radien, nicht Flächen[6]

die Flächen, sondern sowohl die Winkel als auch die Radien der einzelnen Kreissegmente den Proportionen der Sitze. Doppelt hält aber sichtlich nicht immer besser! Beim Vergleich der Flächen der einzelnen, den Parteien zugeordneten Segmente hat diese Vorgangsweise zur Folge, dass die Proportionen der Sitze nun völlig verzerrt wahrgenommen werden. Zum Beispiel beträgt das Flächenverhältnis beim Vergleich zwischen ÖVP und Grüne in der Zeitungsgrafik dadurch nicht $71/26 \approx 2,7$, sondern $(71/26)^2 \approx 7,5$. Optisch hält die ÖVP somit mehr als das Siebenfache an Sitzen. Ein korrektes Kreisdiagramm würde im Vergleich alleine durch seine Schlichtheit überzeugen.

---

[6] https://www.derstandard.at/story/2000109930199/koalitionen-sind-kein-tauschgeschaeft; Zugegriffen: 03.11.2021.

Abb. 1.8 Haltbarmilchanteil in verschiedenen Ländern. (Aus „Trend" 9/96, S. 80)

Das gleiche Problem der nicht passenden Proportionalität wird auch aus der dem österreichischen Wirtschaftsmagazin „Trend" entnommenen Abb. 1.8 deutlich. Die jeweiligen Anteile am Haltbarmilchabsatz wurden hier, durchaus im Geiste Neuraths, als Milchpackerl dargestellt, mit offenbar höhenproportional wiedergegebenen wahren Relationen. Sie werden allerdings beim Betrachten eher die Volumensverhältnisse dieser Packerln als relevant empfinden. Beim Vergleich Frankreichs mit Österreich nimmt man also nicht den tatsächlich etwa zehnfachen Faktor wahr, sondern den tausendfachen!

Nochmals sei an dieser Stelle betont, dass der Sinn der Informationsgrafiken natürlich gerade darin besteht, die wesentlichen statistischen Informationen auf einen Blick *korrekt* zu vermitteln. Deshalb *müssen* die wahrgenommenen Proportionen in den Grafiken auf jeden Fall mit den realen Verhältnissen übereinstimmen. Es ist daher völlig inakzeptabel, wenn diese einfachen Grundregeln korrekter visueller Informationsvermittlung sogar von öffentlichen Stellen nicht eingehalten werden. Betrachten wir dazu die verzerrte Wahrnehmung von Informationen

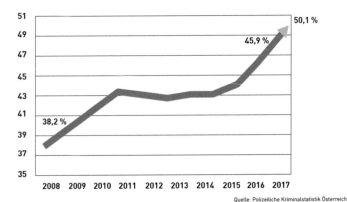

Abb. 1.9 Entwicklung der Aufklärungsquoten von 2008 bis 2017[7]

durch solche Desinformationsgrafiken in Veröffentlichungen des Bundeskriminalamts am österreichischen Bundesministerium für Inneres zu verschiedenen Themenbereichen der Kriminalpolizei. In Abb. 1.9 finden Sie als ersten Vorgeschmack die Entwicklung der Aufklärungsquoten bei den polizeilich angezeigten Straftaten über einen Zeitraum von zehn Jahren.

Schön, dass sich die Quoten so deutlich nach oben bewegen. Doch der visuelle Trend entspricht nicht dem faktischen. Die *y*-Achse beginnt erst bei 35 %. Die Zunahme der Aufklärungsquoten der letzten zehn Jahre wird daher stark übertrieben dargestellt. Dafür werden die Unterschiede der Aufklärungsquoten in dieser Zeitreihe betont. Ein ähnliches Diagramm ließe sich bei geeigneter Wahl der Skalierung an der *y*-Achse auch erzeugen, wenn es tatsächlich jedes Jahr nur geringste Veränderungen von

---

[7] https://www.bundeskriminalamt.at/501/start.aspx Zugegriffen: 03.03.2022.

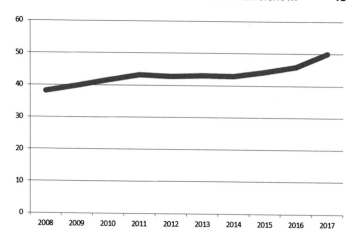

Abb. 1.10 Korrekt dargestellte Entwicklung der Aufklärungsquoten von 2008 bis 2017

38,20 im Jahr 2008 zu 38,26 % im Jahr 2017 gegeben
hätte. Objektiv betrachtet hätten die Quoten dann
allerdings zehn Jahre lang stagniert.

Vergleichen Sie die „offiziell übertriebene" Darstellung aus Abb. 1.9 doch einfach mal mit der statistisch
korrekten in Abb. 1.10. Zudem wird durch die gelbe Pfeil-
spitze am Ende der Reihe ein weiterführender, im selben
Ausmaß wie zuletzt um mehr als vier Prozentpunkte
jährlich ansteigender Trend für die kommenden Jahre
suggeriert. Wodurch wird aber diese Vorhersage gerechtfertigt, außer dadurch, dass die Quote im letzten Jahr in
diesem Ausmaß gestiegen ist? Tatsächlich entwickelte sich
die Aufklärungsquote übrigens auf 52,5 % im Jahr 2018
und blieb bei diesem Prozentsatz im Jahr 2019.

Das Ministerium wählt nun, warum auch immer,
für die zeitliche Entwicklung der Gesamtkriminalität
(gemessen an der Zahl der Anzeigen) im Gegensatz zu
Abb. 1.9 die Darstellungsweise eines Säulendiagramms
(Abb. 1.11). Auch hierbei wird die y-Achse wieder massiv

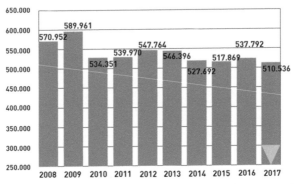

Abb. 1.11 Entwicklung der Gesamtkriminalität von 2008 bis 2017[8]

abgeschnitten, wodurch die korrekte Visualisierung der statistischen Zahlen scheitert. Wieder werden die Unterschiede der Zahl der Anzeigen pro Jahr überbetont. Vergleichen Sie die tatsächliche Entwicklung im korrekten Säulendiagramm (Abb. 1.12).

Wenngleich die Entwicklung positiv zu sehen ist (sinkende Anzeigenzahlen), ist es aber doch so, dass diese Zahlen – was auch das Ministerium im dazugehörenden Text beschreibt – zumindest in den letzten acht der dargestellten zehn Jahre in Wahrheit eher stabil blieben. Der Pfeil nach unten in der letzten Säule als Andeutung eines zukünftigen Trends mutet deshalb und angesichts der Tatsache, dass dieser Pfeil ein Jahr vorher noch nach oben gezeigt und somit die Entwicklung im nächsten Jahr nicht richtig prognostiziert hätte, geradezu grotesk an.

Die Entwicklung der jährlichen Anzahlen an aufgegriffenen Personen (Schlepper, geschleppte Menschen

---

[8] https://www.bundeskriminalamt.at/501/start.aspx Zugegriffen: 03.03.2022.

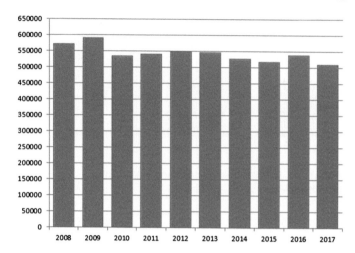

Abb. 1.12 Korrekt dargestellte Entwicklung der Gesamt-kriminalität von 2008 bis 2017

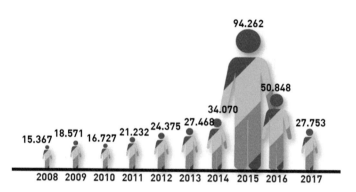

Abb. 1.13 Entwicklung der Personenaufgriffe von 2008 bis 2016[9]

und Illegale) wird in einem Piktogramm dargestellt (Abb. 1.13). Darin entsprechen nur die Höhen der dargestellten Figuren den wahren Proportionen. Allerdings

[9] https://www.bundeskriminalamt.at/502/start.aspx Zugegriffen: 03.03.2022.

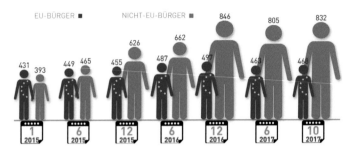

Abb. 1.14 Entwicklung der Abgängigkeiten von EU- und Nicht-EU-Bürger:innen von 2015 bis 2017[10]

werden diese Figuren bei ihrem Vergleich nicht durch deren Höhen, sondern durch deren Flächen oder sogar durch deren (gedachten) Volumen wahrgenommen. Und diese verhalten sich leider nicht in den wahren Proportionen. Das kleine letzte Männchen etwa wirkt deshalb nicht wie etwa 54 % des großen vorletzten, sondern deutlich kleiner. Dass das 2015-Männchen dann noch scheinbar *vor* dem 2016-Männchen steht (immerhin überdeckt ja einer seiner Arme einen Teil der 2016-Figur), verzerrt die Wahrnehmung wiederum zugunsten des weiter hinten stehenden Männchens, weil unser Gehirn die Größe von weiter hinten stehenden Objekten zur Kompensation des größeren Abstands zum Auge erhöht.

Dieselben Einwände sind auch bei der Darstellung der Anzahlen von als abgängig im Elektronischen Informationssystem gespeicherten EU- und Nicht-EU-Bürger:innen in Abb. 1.14 anzuführen. In diesem Fall wird die visuelle Verfälschung der tatsächlichen Verhältnisse auch noch dadurch verstärkt, dass die durch ihre Körperflächen beziehungsweise sogar -volumen sowieso

---

[10] https://bundeskriminalamt.at/503/start.aspx; Zugegriffen: 21.02.2019.

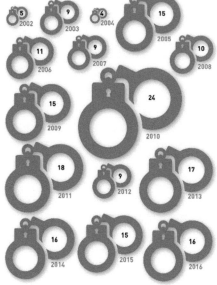

Abb. 1.15 Entwicklung der Festnahmen durch Zielfahndung von 2002 bis 2016[11]

schon überproportional wahrgenommenen Nicht-EU-Bürger:innen im Gegensatz zur großen Figur in Abb. 1.13 scheinbar auch noch *hinter* den EU-Bürger:innen stehen.

Die Grafik in Abb. 1.15 zur Entwicklung der durch sogenannte „Zielfahndung" ausgeforschten Personen ist besonders „einfallsreich". Hier werden die Proportionen durch die Durchmesser der Handschellen korrekt angegeben. Leider nehmen wir in Hinblick auf den

---

[11] https://bundeskriminalamt.at/503/start.aspx; Zugegriffen: 21.02.2019.

Vergleich der verschiedenen Anzahlen hier jedoch die Flächen wahr. Vergleicht man zum Beispiel die Anzahlen von 2005 und 2008 (rechts oben in Abb. 1.15), dann sind zwar die Durchmesser der Handschellen im korrekten Verhältnis von 15 und 10 Fällen, also 1,5:1, die Flächen ($d^2/4 \cdot \pi$) aber im falschen Verhältnis von 2,25:1. Deshalb nimmt man wahr, dass die Anzahl an Festnahmen im Jahr 2005 mehr als doppelt so viele waren wie jene von 2008. Dieses „Bild" wird natürlich durch die diesbezüglichen Zahlenangaben irritiert, lässt sich aber auch hierdurch nicht vollständig korrigieren. Wenn man also die Fahndungszahlen korrekt visualisieren möchte (und davon gehen wir bei einem Ministerium aus), dann ist diese Grafik schlicht ungeeignet. Dazu kommt natürlich noch die wirre Anordnung, die in den Augen der Betrachtenden eine zeitliche Entwicklung gar nicht erst entstehen lässt.

Ein Piktogramm im Neurath'schen Sinne soll wohl die Grafik in Abb. 1.16 darstellen. Warum man die insgesamt 20.942 durch DNA-Analysen in den betreffenden 20 Jahren ausgeforschten Tatverdächtigen durch 175 panzerknackerartige Büsten symbolisiert, die offenbar jeweils $20.942/175 \approx 120$ Tatverdächtige darstellen sollen, und nicht durch 210, die jeweils 100 darstellen, und dies auch noch nirgends beschreibt, ist nicht nachvollziehbar. Die 1204 Personen von 2017 werden allerdings nicht durch $1204/120 \approx 10$ Figuren, sondern durch deren elf symbolisiert, was die Reihe der Büsten länger macht als jene von 2009 mit einer höheren Anzahl von 1245 Personen. Dieser Fehler wäre erklärbar, wenn tatsächlich jemand dieses Piktogramm gemalt hätte. Ob dies der Fall war, lässt sich wohl nur durch Expert:innen der Spurensicherung feststellen. Da bleibt nur noch auf gut wienerisch zu sagen: Otto Neurath, schau oba!

Andere, zur Verbreitung von statistischen Fakes gerne benützte Grafiken sind Darstellungen geografisch ver-

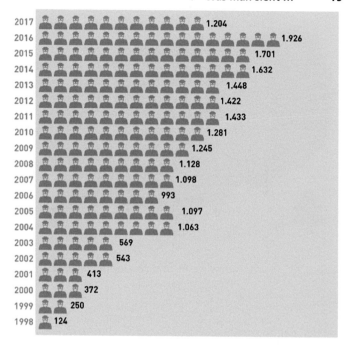

Abb. 1.16 Entwicklung der mittels DNA-Analyse ausgeforschten Tatverdächtigen von 1998 bis 2017[12]

teilter Sachverhalte mittels unterschiedlich kolorierter oder markierter Landkarten. Diese werden zum Beispiel dafür genutzt, lokal unterschiedliche Wahlergebnisse zu differenzieren. Dabei geht aber oft der korrekte Gesamteindruck verloren. So bei der US-Präsidentenwahl 2016 und dem berühmt gewordenen Tweet Lara Trumps zu den Impeachmentbemühungen gegen ihren Schwiegervater im Laufe seiner Präsidentschaft (siehe Abb. 1.17). Die darin auf Bezirksebene wiedergegebenen jeweils relativen Mehr-

---

[12] https://bundeskriminalamt.at/503/start.aspx; Zugegriffen: 21.02.2019.

Abb. 1.17   Laura Trumps Tweet vom 28. Dezember 2019[13]

heiten der Republikaner in rot gegen die Demokraten in blau suggerieren ein überwältigend „rotes" Land. Selbstverständlich wurde dabei außer Acht gelassen, dass die wenig bevölkerten, aber flächenmäßig größeren Landbezirke den visuellen Eindruck dominieren.

Eine Möglichkeit, um dies zu verhindern, sind sogenannte Kartogramme (oder Kartenanamorphoten), bei denen ein variabler Maßstab dafür sorgt, dass die Darstellung proportional zu einer anderen relevanten Größe erfolgt. Die Verwendung der Wahlbevölkerung zum Beispiel führt zu der von Angelo Monteux erzeugten, auch noch um Intensitätsschattierungen ergänzten Abb. 1.18. Ihre Anmutung mag ein wenig gewöhnungsbedürftig sein, der Eindruck eines überwiegend „roten" Landes ist jedoch

---

[13] https://twitter.com/laraleatrump/status/1178030815671980032; Zugegriffen: 02.04.2021.

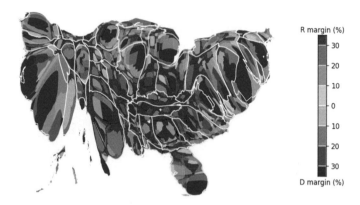

R margin (%)

30

20

10

0

10

20

30

D margin (%)

Abb. 1.18 Angelo Monteux' Kartogramm des US-Bundespräsidentenwahl 2016[14]

korrekterweise deutlich relativiert. Der erste Algorithmus zur Erzeugung eines solchen Kartogramms stammt übrigens vom einflussreichen, ursprünglich schweizer Geografen und Statistiker Waldo Tobler (siehe den Nachruf von Clarke, 2018).

Lara Trumps Tweet im September 2019 führte verständlicherweise zu einem Aufschrei in den US-amerikanischen Medien. Unter dem Motto „Land doesn't vote. People do" wurden daraufhin einige Korrekturvorschläge publiziert. Die meiste Aufmerksamkeit erzielte der belgische Datenwissenschaftler Karim Douïeb mit einem Video.[15] Am gelungensten ist aber wohl seine später nachgelieferte verbesserte statische Version (siehe Abb. 1.19), welche die exakten Stimmenverhältnisse wiedergibt und

[14] https://ilmonteux.github.io/cartograms/; Zugegriffen: 07.04.2021.
[15] https://twitter.com/karim_douieb/status/1181695687005745153?ref_src=t wsrc%5Etfw%7Ctwcamp%5Etweetembed%7Ctwterm%5E11816956870057 45153%7Ctwgr%5E%7Ctwcon%5Es1_&ref_url=https%3A%2F%2Fwww. fastcompany.com%2F90572489%2Fu-s-election-maps-are-wildly-misleading-so-this-designer-fixed-them; Zugegriffen: 07.04.2021.

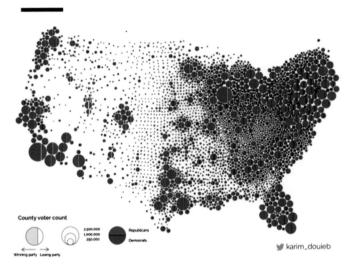

Abb. 1.19   Karim Douïebs Wahlgrafik[16]

durch ihre gelungene Verbindung zu den Tortengrafiken
beeindruckt. Dass damit nun zwar korrekt nur die exakten
direkten Stimmverhältnisse abgebildet werden, nicht aber
die für die Wahl letztlich entscheidenden Stimmen der
Wahlleute, steht auf einem anderen Blatt.

> **Info-Box: Veranschaulichung von Häufigkeitsver-
> teilungen**
>
> Oft werden bei statistischen Erhebungen Häufigkeitsver-
> teilungen einzelner interessierender Merkmale betrachtet.
> Nehmen wir als Beispiel die Anzahl der in den einzelnen
> Spielen der deutschen Herren-Fußball-Bundesliga in der

---

[16] https://twitter.com/karim_douieb/status/1184883832010530818; Zugegriffen:
12.04.2021.

Saison 2019/20 geschossenen Tore. Bei 306 Spielen kann man sich durch Betrachten der einzelnen Ergebnisse in jeder Runde kaum einen Überblick darüber verschaffen. Viel besser geeignet sind für diesen Zweck Tabellen und Informationsgrafiken. Dafür ordnet man den einzelnen Merkmalswerten (hier: den Toranzahlen) die Häufigkeit ihres Auftretens in der betrachteten Gesamtheit (hier: in den 306 Spielen) zu. Fasst man dies in einer Häufigkeitstabelle zusammen, hat man schon einen ersten Überblick über die Häufigkeitsverteilung der Toranzahlen gewonnen, der durch ungeordnete Betrachtung der einzelnen Ergebnisse nicht zu erzielen war (Tab. 1.1).

Tab. 1.1 Toranzahlen pro Spiel in der deutschen Herren-Bundesligasaison 2019/20[17]

Toranzahl	Häufigkeit	Prozent
0	12	3,9
1	32	10,5
2	63	20,6
3	72	23,5
4	66	21,6
5	32	10,5
6	21	6,9
7	6	2,0
8	2	0,7

So kann einfach abgelesen werden, dass zum Beispiel in 12 Spielen kein einziges Tor gefallen ist, während in zwei Spielen sogar acht Tore gefeiert wurden. Für die korrekte Einschätzung dieser Häufigkeiten muss natürlich die Gesamtzahl der Spiele mitangegeben werden. „12 von 306" bedeutet natürlich etwas völlig anderes als etwa „12 von 15". Um diese gewünschte Relation der Häufigkeiten der einzelnen Merkmalswerte zur Gesamtzahl herzustellen, werden an Stelle der Häufigkeiten gerne die Prozentzahlen angegeben. Diese erhält man, indem man die

---

[17] https://www.100prozentmeinverein.de/bundesliga-spiele-ergebnisse; Zugegriffen: 09.04.2021.

Häufigkeiten durch die Gesamtzahl dividiert und diesen Quotienten mit 100 multipliziert *(lat. pro centum=im Verhältnis zu hundert).* Ein die Prozentzahlen der Tabelle erklärender Text könnte demnach lauten: Nur 12 von 306 Spielen, das entspricht einem Verhältnis von 3,9 an 100 gedachten Spielen, blieben in der Saison 2019/20 trefferlos, in 32 von 306 Spielen, das entspricht 10,5 von 100 Spielen, wurde nur ein Tor erzielt und so fort. Die Verwendung von Prozentzahlen beruht auf der begründeten Annahme, dass der Bezug auf eine Gesamtheit der Größe 100 die Anschaulichkeit der Ergebnisse erhöht. (Dass sich die in der Tabelle angegebenen Prozentzahlen nicht auf 100, sondern auf 100,2 addieren, ist lediglich den Rundungsfehlern zuzuordnen.)

Neben der tabellarischen Darstellung von Häufigkeitsverteilungen eignet sich für die gewünschte Verdichtung der Information besonders ihre grafische Darstellung. Die am häufigsten verwendeten Informationsgrafiken sind die im Kapiteltext aufgezählten Säulen- (oder Stab-), Balken-, Kreis- (oder Torten-) und Liniendiagramme. Eine Visualisierung einer Häufigkeitsverteilung hat die Aufgabe, den Betrachtenden der Erhebungsergebnisse die wesentlichsten Informationen über eine Häufigkeitsverteilung im Idealfall sogar „auf einen Blick" korrekt zu vermitteln und ihnen dadurch das Bilden einer eigenen, faktengerechten Meinung zum grafisch aufbereiteten Thema zu erleichtern. Diesem Ziel ist jede „Kreativität" bei der Gestaltung unterzuordnen. Eine diesen Anforderungen nachkommende, den Titel „Informationsgrafik" verdienende Darstellung der Toranzahlen pro Spiel wäre beispielsweise jene in Abb. 1.20.

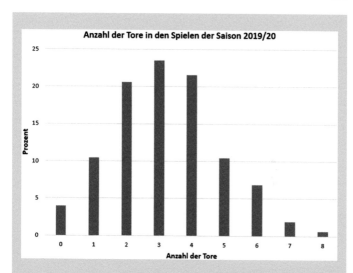

Abb. 1.20 Grafische Darstellung der Toranzahlen pro Spiel

Dies funktioniert, weil wir geübt darin sind, die Proportionen der Säulenhöhen korrekt wahrzunehmen. Unabdingbare Voraussetzung dafür ist jedoch, dass diese auch wahrheitsgetreu dargestellt werden. Auf diese Weise gewinnt man schon durch die tabellarische und die grafische Darstellung von Häufigkeitsverteilungen an Überblick über das vorliegende Datenmaterial.

Literatur

Clarke, K. C. (2018). Waldo R. Tobler (1930–2018). *Cartography and Geographic Information Science, 45*(4), 287–288. https://doi.org/10.1080/15230406.2018.1447399.

Kohlhammer, J., Proff, D. U., & Wiener, A. (2018). *Visual Business Analytics Effektiver Zugang zu Daten und Informationen* (2. Aufl.). dpunkt.verlag.

Rohde, T., & Schimpf, S. (Hrsg.). (2019). *Gemalte Diagramme. Bauhaus, Kunst und Infografik*. Kerber.

Tufte, E. R. (2001). *The visual display of quantitative information* (2. Aufl.). Graphics Press.

2

Wie wir etwas einschätzen: Riskante Zahlen

Welche Informationen in Daten stecken, kann – wie in Kap. 1 – oft durch einfache Informationsgrafiken veranschaulicht werden. Sehr viel öfter jedoch sind tiefergehende Analysen für spezielle Erkenntnisgewinne nötig. Die Basis dafür bilden typischerweise einfache Kennzahlen, wie zum Beispiel Prozentangaben, Mittelwerte oder Korrelationen, sogenannte (deskriptive) Statistiken. Der Begriff Statistik wird also sowohl für die Instrumente als auch zur Bezeichnung des gesamten Fachs verwendet. Letzteres geht auf den Göttinger Professor Gottfried Achenwall (1719–1772) zurück, welcher das wohl bereits existierende, aus dem Lateinischen entlehnte „den Staat betreffend" zu einer eigenen Wissenschaft erhob. Schon viel früher wurden selbstverständlich die genannten Instrumente benutzt. Der Londoner Kurzwarenhändler

© Der/die Autor(en), exklusiv lizenziert an Springer-Verlag GmbH, DE, ein Teil von Springer Nature 2022
W. G. Müller und A. Quatember, *Fakt oder Fake?*
Wie Ihnen Statistik bei der Unterscheidung helfen kann,
https://doi.org/10.1007/978-3-662-65352-4_2

John Graunt (1620–1674) etwa gilt mit seinen demografischen und epidemiologischen Arbeiten als wesentlicher Wegbereiter dieser neuen Wissenschaft.

Zurück zu den Kennzahlen. Auch hierbei ist es entscheidend für die Korrektheit der Informationsvermittlung, wie Sie diese tatsächlich „wahr nehmen". Betrachten wir bezüglich Prozentangaben folgende Beispiele:

HIV-Neuinfektionen steigen um 52 %!

Eine solche Zahl kann schon beunruhigen. Stiegen die Neuinfektionen von einem Jahr zum anderen (konkret im flächenmäßig größten österreichischen Bundesland Niederösterreich von 2015 auf 2016) vielleicht von 21.000 auf $21.000 + 21.000 \cdot 0{,}52 \approx 32.000$ Fälle? Oder von 2100 auf 3200 oder nur von 210 auf 320? – Tatsächlich stieg diese Anzahl sogar von glücklicherweise nur 21 registrierten Neuinfektionen auf ganze 32![1]

Rückgang der Geisterfahrten um mehr als elf Prozent!

Wie erfreulich, dass die Anzahl an gemeldeten Geisterfahrten auf Autobahnen von einem Jahr zum nächsten (konkret im österreichischen Bundesland Oberösterreich von 2016 auf 2017) derart stark rückläufig war. Aber mehr als elf Prozent von wie vielen im Jahr davor eigentlich? – Nicht von tausenden, nicht von hunderten, sondern von 62 Fällen. Dann entspricht ein Rückgang von elf Prozent aber nur ganzen sieben Fällen, die es weniger gab![2]

35 % weniger beim Radfahren Getötete!

„Ein starker Rückgang der Getötetenzahl zeigt sich bei Radfahrenden – und zwar um 35 Prozent", erklärt ein

---

[1] https://www.facebook.com/RedRibbonAngels/photos/a.394770120567892/1420599731318254/?type=3; Zugegriffen: 11.02.2022.

[2] https://ooe.orf.at/news/stories/2892487; Zugegriffen: 11.02.2022.

Verkehrsexperte im Interview zur Statistik der tödlichen Verkehrsunfälle einer Wochenzeitung. Wow! Ist schon schön, dass es relativ betrachtet so deutlich weniger als im Jahr davor getroffen hat (konkret in Österreich 2017 im Vergleich zu 2016). Aber um wie viele Personen weniger waren es denn? – 2016 waren noch 48 im Straßenverkehr getötete Radfahrer:innen zu beklagen gewesen, 2017 nur noch 31. Das sind zwar relativ tatsächlich $17/48 \cdot 100 \approx 35\,\%$ weniger Tote, aber absolut nur 17. Hätten Sie das gedacht, wenn Sie nur die Schlagzeile gelesen hätten?[3]

Wie gelingt es den angegebenen, mathematisch durchaus korrekt berechneten Prozentzahlen, dass sie die Grenze zwischen Fakten und Fakes verschwimmen lassen? Prozentzahlen dienen ja nun eigentlich der besseren Veranschaulichung von Verhältnissen: 22 % der Elfmeter wurden in der deutschen Herren-Bundesliga verschossen; 70 % sind für ein absolutes Rauchverbot in der Gastronomie; 7 % der Kandidat:innen sind bei der Mathe-Matura (Abitur) durchgefallen. Durch das Herunterbrechen von großen, unhandlichen Anzahlen auf gedachte 100 Fälle soll die Größenordnung des Anteils einer bestimmte Gruppe an einer Gesamtheit einfacher erfassbar werden: Bei der deutschen Bundestagswahl 2017 entfielen zum Beispiel 15 Mio. und 317.344 der 46 Mio. und 515.492 abgegebenen gültigen Zweitstimmen auf die Union aus CDU und CSU.[4] Sie können den Unionsanteil mit den absoluten Zahlen nicht genau einschätzen? Dann stellen Sie sich die große Gesamtheit der 46 Mio. und 515.492 Personen mit abgegebenen gültigen Stimmen

[3] https://tips.at/news/wien/blaulicht/413110-rueckschau-auf-2017-weniger-verkehrstote; Zugegriffen: 09.08.2019.
[4] https://de.wikipedia.org/wiki/Bundestagswahl_2017; Zugegriffen: 09.08.2019.

Abb. 2.1 33 % als anschaulichere Beschreibung dessen, dass 15 Mio. und 317.344 von 46 Mio. und 515.492 Personen die Union gewählt haben

doch einfach als 100 Personen vor (Abb. 2.1). Der Anteil der für die Unionsparteien abgegebenen gültigen Zweitstimmen an dieser Gesamtzahl beträgt 15.317.344/46.5 15.492 · 100 ≈ 33 %. Er entspricht also wörtlich einem Anteil von 33 an insgesamt 100 Stimmen.

Relative Prozentzahlen ermöglichen also eine bessere Veranschaulichung von großen, unhandlichen *absoluten* Zahlen durch den immer gleichen Bezug auf 100 Einheiten. Diese Aufgabenstellung hat zur Folge, dass durch eine Prozentangabe umgekehrt suggeriert wird, dass die tatsächlich aufgetretenen absoluten Zahlen groß und unhandlich sein müssen, denn sonst hätte man deren Verhältnis ja gar nicht in Prozent auszudrücken brauchen. Dass in einer bestimmten Woche einer von den bedauerlichen neun tödlichen Verkehrsunfällen durch eine Geisterfahrt verursacht wurde, ist zum Beispiel ein durch diese absoluten Fallzahlen genügend anschaulich dokumentiertes Faktum. Eine Umrechnung des Geisterfahrtenanteils unter den diesbezüglichen Unfallursachen auf 100 gedachte tödliche Verkehrsunfälle ist deshalb völlig unnötig. Ja, im Gegenteil! Die alleinige Angabe, dass 11 % aller tödlichen Unfälle dieser Woche durch Geisterfahrer:innen verursacht wurden (1/9 · 100 ≈ 11), verschleiert in Wirklichkeit das wahre Bild von nur einem von insgesamt neun Unfällen. Bei schon in absoluten Zahlen nachvollziehbaren Verhältnissen erfolgt durch die Umrechnung in Prozent keine Vereinfachung der Wahrnehmung. Vielmehr birgt sie ein beträchtliches Risiko für eine „Falsch-Nehmung" der realen Verhältnisse (vgl. weitere Beispiele dafür in: Quatember, 2015, S. 24–30)!

Unter genau diesen Gesichtspunkten sind Prozentangaben daher kritisch zu durchleuchten:

18 % höhere Darmkrebsgefahr durch Wurstverzehr!
Laut einer vergleichenden Studie der Weltgesundheitsorganisation (WHO) erhöht täglicher Konsum von verarbeitetem Fleisch wie Wurstwaren im Ausmaß von mindestens 50 g das Darmkrebsrisiko um 18 % gegenüber einem solchem in geringerem Ausmaß. Im wöchentlichen Nachrichtenmagazin „profil" wurde dies in einem Heft mit der Schlagzeile „Die Risikolüge" auf dem Titelblatt folgendermaßen diskutiert:

„Dramatische Gefahr vermittelt man am besten, indem man relative Risiken in Prozent ausdrückt. Ein Paradebeispiel für dieses Prinzip hielt uns 2015 in Atem: 18 Prozent höhere Darmkrebsgefahr durch Wurst und rotes Fleisch! Wer also gern Wurst und Fleisch isst, nimmt in Kauf, eher an Darmkrebs zu erkranken. Das klang alarmierend, aber war es das auch? Die 18 Prozent beziffern ein relatives Risiko – doch 18 Prozent wovon? Das müssen wir wissen, um das absolute Risiko

… herausfinden zu können. Dazu braucht man zuerst die Information, wie viele Menschen im Schnitt an Darmkrebs erkranken. … Stellen wir uns zwecks besserer Anschaulichkeit statt Prozente konkrete Personen vor: Von 100 Menschen bekommen, aus welchen Gründen auch immer, fünf im Verlauf ihres Lebens die Diagnose Darmkrebs. Wenn wir wissen wollen, wie sehr das Risiko durch Fleischkonsum ansteigt, müssen wir zu diesen fünf Personen 18 Prozent hinzuzählen. Das sind 0,9 Personen, was heißt: Unter 100 Leuten findet sich nicht mal eine Person mehr, die wegen ihres Wurst- und Fleischverzehrs an Darmkrebs erkrankt als im Schnitt. Die absolute Risikosteigerung beträgt also 0,9 – eine Ziffer, die vermutlich niemanden hellhörig gemacht hätte" (profil, Nr. 40, 2. Oktober 2017, S. 76).

Genau genommen erhalten von 100 Menschen einer Gruppe, die einen *geringen* Wurstverbrauch aufweist, durchschnittlich fünf im Verlaufe ihres Lebens diese Diagnose. Im originalen „profil"-Artikel wird übrigens diesbezüglich von drei Prozent ausgegangen. Wir haben dies jedoch durch die WHO-Angabe von 5,0 % ersetzt („Oberösterreichische Nachrichten", 2. Dezember 2017, Magazin, S. 6/7). Sie können gerne andere Zahlen einsetzen, wenn Sie solche finden sollten.

Aber wenn wir uns an Stelle der angegebenen relativen Risikozunahme von 18 % eine realistische absolute Zahl der Zunahme von Krebsfällen vorstellen möchten, warum sollen wir dann für eine solche Darstellung eine so kleine Bevölkerung mit nur 100 Personen wählen, die es gar nicht gibt? Nehmen wir stattdessen doch eine reale Population wie zum Beispiel diejenige von Deutschland, Österreich und der Schweiz zusammen. Für 2020 wiesen die von der Weltbank veröffentlichten Bevölkerungszahlen für Deutschland rund 83,2, für Österreich 8,9 und für die

Schweiz 8,6 Mio. aus.[5] Das ergibt eine Bevölkerungsgröße von rund 100 Mio. Personen.

Betrachten wir für diese reale Bevölkerung nun zwei Fallbeispiele mit einer relativen Steigerung des Krebsrisikos um jeweils 18 % durch ein bestimmtes Ernährungsverhalten:

1. Die Anzahl der Erkrankungen steigt absolut von 11 auf 13 Fälle.

   In diesem Fall suggeriert die alleinige Angabe der relativen Erhöhung um errechnete $2/11 \cdot 100 \approx 18$ % tatsächlich ein völlig anderes Bild der Realität als die absolute Steigerung von nur 11 auf 13 Fälle. Hier wirkt die an und für sich zur Veranschaulichung gedachte Prozentangabe geradezu kontraproduktiv. Schon *ein* weiterer Fall mehr oder weniger würde den relativen Anstieg auf $3/11 \cdot 100 \approx 27$ beziehungsweise $1/11 \cdot 100 \approx 9$ % statt 18 verändern.

2. Die Erkrankungsanzahl steigt absolut von 5 Mio. auf 5 Mio. und 900.000 Fälle.

   Im einem solchen Szenario lässt sich das wahre Verhältnis dieser großen absoluten Erkrankungszahlen durch ihre Umrechnung in eine 18-%ige Erhöhung der Krankheitsfälle ($900.000/5.000.000 \cdot 100 = 18$) anschaulicher erfassen. Ein paar Krankheitsfälle mehr oder weniger würden sich in der Prozentzahl so gut wie nicht niederschlagen.

Und welches dieser beiden Szenarien liegt beim angesprochenen Unterschied des Darmkrebsrisikos von regelmäßigen Wurstesser:innen und denjenigen, die

---

[5] https://data.worldbank.org/indicator/sp.pop.totl?name_desc=false; Zugegriffen: 09.08.2019.

weniger Wurst essen, in der Gesamtbevölkerung dieser drei Staaten tatsächlich vor? Ein Darmkrebsrisiko von fünf Prozent in der Bevölkerung bei eingeschränktem Wurstverzehr entspricht bei einer gerundeten Anzahl von 100 Mio. Menschen – Sie ahnen es sicher schon – gerade einer Anzahl von $100 \cdot 0{,}05 \approx 5$ Mio. Der Anstieg der „Prävalenz", das bezeichnet die Erkrankungsrate in der Bevölkerung, bei hohem Wurstverzehr um $5{,}9 - 5{,}0 = 0{,}9$ Prozentpunkte beziehungsweise um $0{,}9/5{,}0 = 18\,\%$ (siehe die „Info-Box: Prozent – Prozentpunkte") entspricht einem Anstieg auf insgesamt 5 Mio. und 900.000 Krankheitsfälle. Das ist absolut um 900.000 oder relativ um 18 % Fälle mehr als ohne Wurstkonsum. Für Deutschland alleine würden sich bei der oben angegebenen genaueren Bevölkerungszahl von 83,2 Mio. 748.800, für Österreich mit 8,9 Mio. Einwohner:innen 80.100 und für die Schweiz mit einer Einwohner:innenzahl von 8,6 Mio. immerhin auch noch 77.400 mehr Erkrankte als ohne Wurstkonsum ergeben. Beruhigt Sie die absolute Risikosteigerung um „nur" 0,9 Prozentpunkte im Vergleich zur relativen von 18 % jetzt immer noch?

Absolute Werte relativieren tatsächlich vieles, aber eben nicht alles! Denn es sind ja gerade die Prozentangaben, die durch den Bezug auf 100 helfen sollen, eine faktennähere Wahrnehmung der Relation absoluter Zahlen als die absoluten Zahlen selbst zu ermöglichen. Um den Anstieg an Darmkrebsfällen durch ein bestimmtes Essverhalten zu veranschaulichen, stellen wir uns die 5 Mio. Krebserkrankungen ohne starken Wurstverzehr eben als 100 Fälle vor. Regelmäßiger Wurstkonsum führt laut WHO zu 18 % mehr Erkrankungen. Bei einer Basis von nur elf Fällen führt die dem Zweck der Prozentzahlen zuwiderlaufende Angabe einer 18-%igen Steigerung zur oben zitierten „Risikolüge" (vgl. auch: Gigerenzer, 2016,

S. 56–57). Bei einer Basis von fünf Millionen Fällen kann diese jedoch einen wichtigen Beitrag zur faktengerechten „Risikowahrheit" leisten.

Die Angabe relativer Risiken ist somit nicht grundsätzlich abzulehnen. Voraussetzung für ihren sinnvollen Einsatz ist jedoch, dass man sie nur bei großen absoluten Zahlen verwendet und zusätzlich auf die oben gezeigte Weise erläutert. Denn wie auch die Internationale Agentur für Krebsforschung (IARC) betont, ist zwar das erhöhte Risiko des Einzelnen gering. „Aus gesellschaftlicher Sicht ist jedoch auch dieses leicht erhöhte Risiko wichtig, da eben sehr viele Menschen (und nicht nur 100; Anm. der Verf.) reichlich Fleisch essen".[6]

Doch wie groß sollen denn die absoluten Basiszahlen nun tatsächlich sein, deren in Prozent angegebenen Verhältnisse die Realität veranschaulichen und nicht verschleiern? Als (willkürliche) Faustregel ließe sich formulieren: Ein einzelner zusätzlich eingetroffener Fall (oder auch ein aufgetretener Fall weniger) sollte sich auf die Prozentzahl jedenfalls nicht so radikal auswirken können, dass dies zu ihrer Veränderung um mehr als einen Prozentpunkt führt.

Demzufolge wäre es zum Beispiel absurd, wenn TV-Sportkommentator:innen der Tennisübertragung des Damenfinales in Wimbledon schon nach drei gespielten Games die aktuellen Aufschlagquoten der beiden Spielerinnen miteinander vergleichen würden, um Auskunft darüber zu erhalten, welche der beiden diesbezüglich besser ins Match gestartet ist: Zum Beispiel hat die eine in ihren beiden absolvierten Aufschlaggames bislang insgesamt 13-mal serviert und davon landete der

---

[6] http://www.spiegel.de/gesundheit/ernaehrung/wurst-als-krebserreger-die-wichtigsten-antworten-a-1059645.html; Zugegriffen: 11.02.2022.

erste Aufschlag 8-mal im Feld. Die andere, die erst ein Aufschlaggame absolviert hat, hat in diesem 6-mal aufschlagen müssen und dabei 3-mal ihr erster Service im Aufschlagfeld platziert. Die Aufschlagquoten für das erste Service belaufen sich demnach nach nur drei gespielten Games auf $8/13 \cdot 100 \approx 62$ beziehungsweise $3/6 \cdot 100 = 50\,\%$. Hatte die erste Spielerin also einen bezüglich der Serviceleistung besseren Start in das Match als die zweite? – Wenn nur einer der drei nicht im Aufschlagfeld gelandeten ersten Aufschläge der zweiten Spielerin doch im Feld gelandet wäre, dann läge ihre Quote bei $4/6 \cdot 100 \approx 67$ statt $50\,\%$ und damit höher als bei ihrer Gegnerin. Die Berechnung dieser Prozentzahlen ist demnach zu diesem Zeitpunkt höchstens als Denksport geeignet.

Deswegen ist es für eine korrekte Rezeption einer Prozentzahl im Grunde unerlässlich, den absoluten Basiswert mitanzugeben, auf den sie sich bezieht: In den Ländern Deutschland, Österreich und Schweiz zusammen ergäbe sich bei starkem Wurstverzehr eine 18-%ige Erhöhung der ohne Wurstverzehr beinahe fünf Millionen Darmkrebserkrankungen; 22 % der insgesamt 800 Elfmeter wurden in der deutschen Herren-Bundesliga in den zehn Saisonen vor 2018/2019 verschossen; Hochgerechnete 70 % der über 6,4 Mio. Wahlberechtigten sind für ein absolutes Rauchverbot in der Gastronomie; 7 % der 19.000 in einem Land angetretenen Kandidat:innen sind bei der Matura in Mathematik durchgefallen.

Dadurch gewinnt man genauso wie durch grafische Darstellungen Einblick in und Überblick über Häufigkeitsverteilungen von Untersuchungsmerkmalen, also darüber, wie häufig einzelne mögliche Werte von interessierenden Merkmalen vorkommen. Zur Charakterisierung solcher Häufigkeitsverteilungen werden zudem statistische Kennzahlen angegeben, die

Stellvertreter aller vorhandenen Daten in Hinblick auf bestimmte Eigenschaften wie deren Lage, deren Streuung oder auch deren statistischen Zusammenhang mit weiteren Merkmalen darstellen. Mit solchen Kennzahlen wird die entsprechende Information auf einen einzigen Repräsentanten gebündelt.

Auch für die korrekte Interpretation solcher Kennzahlen ist eine grundlegende Statistical Literacy von Nöten. Die gängigste Kennzahl der Lage ist etwa der „Mittelwert" (oder der „Durchschnitt" oder das „arithmetische Mittel") eines Merkmals. Sicher haben Sie schon selbst einmal einen Mittelwert berechnet (zum Beispiel Ihrer Schularbeitsnoten in einem Fach, Ihres täglichen Kaffeekonsums oder des Benzinverbrauchs Ihres Fahrzeugs auf 100 km). Die dem Mittelwert zu Grund liegende Idee ist es, als Stellvertreter für die Lage alle aufgetretenen Daten einfach jene Zahl zu wählen, die sich bei gleichmäßiger Aufteilung der Gesamtsumme dieser Daten auf die Erhebungseinheiten ergeben würde (zum Beispiel welche Note Sie in jeder Schularbeit bekommen hätten, wenn man die Summe der Noten gleichmäßig auf alle Schularbeiten, welche Menge Kaffee Sie täglich getrunken hätten, wenn die Wochenmenge gleichmäßig auf alle sieben Tage oder wie viel Benzin Ihr Auto auf 100 km verbraucht hätte, wenn sich die verbrauchte Spritmenge gleichmäßig auf alle gefahrenen 100 km aufgeteilt hätte) (siehe die „Info-Box: Statistische Kennzahlen").

Eine andere Idee verfolgt der „Median" (oder der „mittlere Wert" oder der „Zentralwert") eines interessierenden Merkmals. Mit seiner Berechnung wählt man als Repräsentanten der Lage aller zu einem Merkmal erhobenen Daten jenen Wert aus, der nach Sortierung dieser Daten ihrer Größe nach genau in der Mitte steht. Der Median teilt somit die Erhebungseinheiten, von denen die Daten vorliegen, in eine Hälfte, die höchstens und eine, die mindestens diesen Wert aufweist. Ein wichtiges Anwendungsbeispiel des Medians in der Sozialpolitik der EU ist seine Verwendung bei der Bestimmung der Grenze für die einkommensbezogene Armutsgefährdung. Die BILD-Zeitung schreibt dazu in einem Artikel über die diesbezüglichen Zahlen vom Jahr 2015:

> *„Die Armutsquote in Deutschland soll auf einen neuen Höchststand gestiegen sein. Mit 15,7 Prozent war 2015 in Deutschland somit gut jeder Sechste von Armut betroffen. In absoluten Zahlen ausgedrückt: 12,7 Millionen Menschen. Arm ist laut dem Bericht, wer weniger als 60 Prozent des durchschnittlichen Haushaltseinkommens besitzt …*
>
> *Clemens Fuest, Chef des Wirtschaftsforschungs-Institut Ifo, kritisiert den Paritätischen Wohlfahrtsverband für die im Bericht angewandte Methodik. Gegenüber der BILD sagte Fuest, dass die Zahl der Menschen, die von staatlichen Hilfen abhängig sei, von 2005 bis 2015 um zwölf Prozent auf sieben Millionen gesunken sei … ‚Gleichzeitig steigt das Durchschnittseinkommen der Deutschen, die 60-Prozent-Grenze hat sich also nach oben verschoben. Das alles verzerrt den Armutsbericht' so Fuest zu BILD …*
>
> *Bei der Berechnung der Armutsquoten werden dabei alle Personen gezählt, die in Haushalten leben, deren Einkommen weniger als 60 Prozent des mittleren Einkommens aller Haushalte beträgt.*
>
> *Diese Definition sei höchst umstritten, sagt Helmut Dedy, Hauptgeschäftsführer des Deutschen Städtetages, zu BILD. Steigende Löhne führten demnach paradoxerweise zu mehr Armut. Armut sei ein ernstzunehmendes Problem und müsse weiter bekämpft werden, auch in Deutschland. Aber: ‚Einen Höchststand zu vermelden, verzerrt allerdings die Wirklichkeit.'*
>
> *Der Deutsche Städte- und Gemeindebund kritisiert das als zu undifferenziert. Hauptgeschäftsführer Gerd Landsberg sagte der ‚Neuen Osnabrücker Zeitung', es sei ‚zu pauschal',*

Menschen mit weniger als 60 Prozent des Durchschnittseinkommens als arm zu bezeichnen."[7]

In diesem BILD-Bericht wird in Wahrheit jene Einkommensgrenze thematisiert, welche die einkommensbezogenen Armuts*gefährdeten* vom wohlhabenderen Rest der Bevölkerung trennt. Über die Definition der Grenze zur Armutsgefährdung herrscht innerhalb von wenigen Zeilen eine bemerkenswerte Konfusion: Einmal wird behauptet, die Grenze wäre angesetzt bei 60 % des mittleren Einkommens (also des Medians), dann bei 60 % des Durchschnittseinkommens (also des Mittelwerts der Einkommen). Offiziell als armutsgefährdet gelten laut EU-Definition alle Personen eines Haushalts, dem unter Berücksichtigung seiner Größe und Zusammensetzung weniger als 60 % des Medians der sogenannten „äquivalisierten Haushaltsnettoeinkommen", das sind die bezüglich der Haushaltsgrößen bereinigten Einkommen eines Haushalts, zur Verfügung steht. Die Schwelle zur Armutsgefährdung liegt also bei 60 % jenes dieser Einkommen, das bei einer Sortierung aller Einkommen nach deren Höhe genau in der Mitte steht. Für Einpersonenhaushalte lag diese Grenze im betreffenden Jahr 2015 in Deutschland bei monatlich 942 € (im Jahr 2019 bei 1074 €).[8] In Mehrpersonenhaushalten wird diese Schwelle je nach Zahl der zusätzlich vorhandenen Erwachsenen und Kinder entsprechend dem zur Berechnung der äquivalisierten Haushaltseinkommen verwendeten Schlüssel erhöht.

---

[7] http://www.bild.de/geld/mein-geld/armut/bericht-arme-menschen-sterben-frueher-50670292.bild.html; Zugegriffen: 11.02.2022.

[8] https://www.destatis.de/DE/Themen/Gesellschaft-Umwelt/Soziales/Sozialberichterstattung/Tabellen/liste-armutsgefaehrungs-schwelle.html; Zugegriffen: 20.04.2021.

Während die Zahl von 60 % natürlich eine mehr oder weniger willkürlich festgelegte Grenze ist, ist der Bezug auf den Median und nicht etwa auf den Mittelwert der äquivalisierten Haushaltseinkommen aus den Eigenschaften dieser Kennzahlen zu erklären. Würde nämlich der Mittelwert dieser Einkommen als Bezugspunkt gewählt, dann würde sich beispielsweise durch eine weitere starke Erhöhung der Einkommen der Spitzenverdienenden wegen der unsymmetrisch schiefen Einkommensverteilung eine auf diese Kennzahl Bezug nehmende Armutsgefährdungsschwelle deutlich erhöhen, auch wenn sich die anderen Einkommen und auch der Median nicht ändern würden. Der Mittelwert ist aus diesem Grund auch höher als der Median. So lag dieser etwa in Österreich im Jahr 2019 bei monatlich 2382 €, während der Median nur bei 2144 € lag.[9] Letzteres führte für österreichische Haushalte im Jahr 2019 zu einer Armutsgefährdungsschwelle von 1286 € in einem Einpersonenhaushalt.

Aber auch diese sich auf den Median beziehende Definition von einkommensbezogener Armutsgefährdung ist nicht unumstritten. So bliebe beispielsweise, selbst wenn sich in jedem Haushalt mit einem Schlag das monatliche äquivalisierte Haushaltsnettoeinkommen verzehnfachen würde, derselbe Teil der Bevölkerung armutsgefährdet wie vorher, weil auch diejenigen, die zum Beispiel statt 1000 € jetzt 10.000 € verdienen würden, trotz Verzehnfachung ihrer Einkommen wie zuvor weniger als die Schwelle von 60 % des nun zehnmal höheren Medianeinkommens, das wären dann eben 12.860 an Stelle von 1286 €, verdienen würden. Es ist aber

---

[9] https://www.statistik.at/wcm/idc/idcplg?IdcService=GET_PDF_FILE&RevisionSelectionMethod=LatestReleased&dDocName=123283;   Zugegriffen: 24.06.2021.

schlichtweg Unsinn zu behaupten, dass steigende Löhne wegen der Berechnung der Armutsgefährdungsgrenze auf Basis des Medians „paradoxerweise" zu einem höheren Prozentsatz an armutsgefährdeter Bevölkerung führen würden. Hätte zum Beispiel in Österreich im Jahr 2019 jeder Haushalt eine Äquivalenzeinkommenserhöhung um 200 € erfahren, dann wäre die neue Grenze einfach $(2144 + 200) \cdot 0{,}6 = 1406$ € gewesen, weil die Reihung der Einkommen ja gleichgeblieben wäre. Das heißt, dass diejenigen Haushalte, die vor der Erhöhung ein Äquivalenzeinkommen von 1206 € bis unter 1286 € zu Buche stehen hatten und damit unter der Grenze von 1286 € lagen, danach von 1406 € bis unter 1486 € verdient hätten und nicht mehr unter der neuen Armutsgefährdungsschwelle von 1406 € gelegen wären. Der Anstieg aller Einkommen um den gleichen Betrag führt also beispielsweise zu weniger berechneter Armutsgefährdung wegen geringerer Einkommensungleichheit!

Einem völlig anderen Phänomen sind Kennzahlen zur Messung des statistischen Zusammenhangs von Merkmalen wie zum Beispiel der „Korrelationskoeffizient" auf der Spur (siehe die „Info-Box: Statistische Kennzahlen"). Diese messen den in den Daten vorhandenen Zusammenhang verschiedener Merkmale. Der schwedische Wissenschaftler Hans Gösta Rosling (1948–2017) hat sich unter anderem als Direktor der Gapminder-Stiftung für eine faktenbasierte Sicht auf die Welt basierend auf einer allgemeine Zugänglichkeit solcher Statistiken und der diesbezüglichen Visualisierungen eingesetzt, die er in engagierten Vorlesungen präsentierte.[10] In einer seiner Fragestellungen

---

[10] https://www.youtube.com/watch?v=FACK2knC08E; Zugegriffen: 06.05.2021.

beschäftigte er sich beispielsweise damit, wie sich das Wohlstandsniveau eines Landes auf verschiedene andere Aspekte wie Gesundheit und Kinderwunsch auswirkt. So gibt es einen statistischen Zusammenhang in Form einer positiven Korrelation zwischen dem Bruttoinlandsprodukt (pro Kopf) eines Landes als Wohlstandsindikator und der auftretenden Lebenserwartung als Gesundheitsindikator und in Form einer negativen zwischen dem Brutto-inlandsprodukt und der Geburtenrate. Solche Zusammen-hänge lassen sich in sogenannten Streudiagrammen beziehungsweise Bubble-Plots (wenn zusätzlich noch ein drittes Merkmal wie die Einwohner:innenzahl durch die Symbolgröße abgebildet werden soll) veranschaulichen (siehe Abb. 2.2).

Tendenziell weisen demnach Länder mit größerem Wohlstand eine höhere Lebenserwartung beziehungsweise eine niedrigere Geburtenrate auf. Ob diese statistischen Zusammenhänge in den Daten auch kausaler Natur in dem Sinne sind, dass sich eine Erhöhung der Wirt-schaftsleistung in einer Erhöhung der Lebenserwartung beziehungsweise einer Verringerung der Geburtenrate niederschlägt, ist damit noch nicht geklärt. Denn ein in den Daten vorhandener Zusammenhang zwischen zwei Merkmalen kann verschiedene Ursachen haben. So kann sich eine Veränderung der Werte in einem der beiden, dem unabhängigen Merkmal, mehr oder weniger direkt auf die Werte des anderen, dem abhängigen, auswirken. In der von Rosling als „Weltkarte zu Gesundheit und Wohl-stand" genannten Grafik (in Abb. 2.2 oben) liegt bei-spielsweise die Interpretation nahe, dass in Ländern mit höherem Wohlstand durch das dadurch finanzierbarere bessere Gesundheitssystem auch eine höhere Lebens-erwartung, während in Ländern mit (noch) niedrigerem Wohlstand durch das damit begründbare schlechtere Gesundheitssystem (noch) eine niedrigere vorhanden

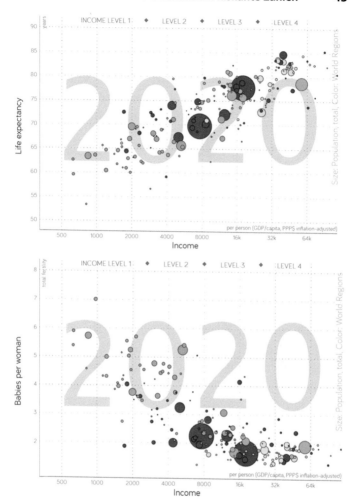

Abb. 2.2 Bubble-Plots des Pro-Kopf-Bruttoinlandsprodukts und der Lebenserwartung (oben) beziehungsweise der Geburtenrate (unten) der Staaten der Erde (die Kreisflächen entsprechen den jeweiligen Bevölkerungsgrößen, die Farben den Kontinenten)[11]

_____

[11] https://www.gapminder.org/fw/world-health-chart/; Zugegriffen: 06.05.2021.

ist. Das Bild in der darunter befindlichen Grafik kann wiederum dadurch erklärt werden, dass bei zunehmendem Wohlstand eine hohe Kinderanzahl ihre Funktion für den Erhalt der Familieneinkommen verliert. Solche inhaltlichen Überlegungen sind unbedingt anzustellen ehe man einen statistischen Zusammenhang auch für kausal erklärt.

Eine weitere Ursache für einen in den Daten vorhandenen Zusammenhang zwischen zwei Merkmalen kann sein, dass sich ein oder gleich mehrere Merkmale auf die beiden betrachteten Merkmale auswirken. Ein einfach nachvollziehbares Beispiel dafür ist jene zwischen den jährlichen Umsätzen an Speiseeis und den Auszahlungen von Waldbrandversicherungen. In den Daten ist diesbezüglich eine positive Korrelation vorhanden, die jedoch natürlich keineswegs in dem Sinne zu interpretieren ist, dass man durch die Beschränkung des Konsumierens von Speiseeis Waldbrände und damit diese Zahlungen verhindern könnte. Der gefundene statistische Zusammenhang ist einfach darin begründet, dass in heißeren Sommern tendenziell beide Zahlen höher und in kühleren beide niedriger sind.

Natürlich kann ein statistischer Zusammenhang zweier Merkmale aber auch rein zufällig sein. Beispiele solcher „Scheinzusammenhänge" finden sich zuhauf.[12] Ein besonders kurioses, das schon in den 1980er Jahren durch die Medien gegeistert ist, ist jenes des statistischen Zusammenhangs zwischen der Anzahl jährlich verkaufter Katalysatorautos und der Zahl der jährlich registrierten HIV-Fälle.[13] Es gibt einfach Entwicklungen, die absolut nichts miteinander zu tun haben,

---

[12] https://www.tylervigen.com/spurious-correlations; Zugegriffen: 03.05.2021.
[13] https://www.jku.at/fileadmin/gruppen/118/Unsinn/katalysatorenundaids.pdf; Zugegriffen: 03.05.2021.

sondern ganz zufällig zeitgleich ablaufen. Das wäre auch kein Problem, wenn es bei solchen Themen nicht immer wieder „Fachexpert:innen" geben würde, die mangels statistischer Literacy solche Zusammenhänge kausal miss-interpretieren würden. Zur selben Zeit wie die Zunahme an registrierten HIV-Fällen nahmen in den 1980er Jahren auch die jährlichen Anzahlen verkaufter Musik-CDs zu oder diejenigen verkaufter Vinyltonträger ab. Leider würden auf Basis dieser Zusammenhänge initiierte Erhöhungen der Verkaufszahlen von Vinyl-LPs und Senkungen jener von Katalysatorautos und CDs eine auf diese Weise begründete Hoffnung auf eine dadurch bewirkte Senkung der Zahl an HIV-Infektionen mit absoluter Sicherheit enttäuschen. In Zeiten von Big Data sind Scheinzusammenhänge sogar eher die Regel als die Ausnahme. Dies rührt daher, dass bei einer Vielzahl von möglichen Paarvergleichen von Datenreihen immer wieder solche auftauchen, welche hohe Korrelationen aufweisen und das völlig ohne Bedeutung. Versuchen Sie etwa aus einer größeren Menge von reinen Zufallszahlen kürzere Abschnitte miteinander zu korrelieren. Sie werden staunen!

Betrachten wir unter diesem Gesichtspunkt einen Artikel aus der „Neuen Zürcher Zeitung" zum Thema „Bildung und Forschung als Schlüssel für zukünftiges Wachstum" (siehe Abb. 2.3). Es gibt nach diesem Schaubild einen starken, gleichsinnigen statistischen linearen Zusammenhang zwischen der PISA-Testpunktzahl und der jeweiligen Wachstumsrate eines Landes.

Die Formulierung von Leitlinien zur Bildungs-, Forschungs- und Innovationspolitik soll offenbar durch die abgebildete positive Korrelation zwischen den Leistungen der 15- bis 16-jährigen Schüler:innen in der PISA-Studie und dem Wirtschaftswachstum verschiedener ausgewählter Länder erklärt werden, die in der Überschrift

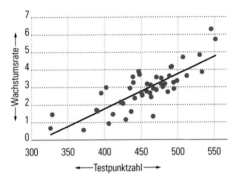

Schulische Leistung fördert Wachstum

Zusammenhang zwischen schulischen Leistungen (äquivalent zu Pisa-Testpunkten) und Pro-Kopf-Wirtschaftswachstum (1960 bis 2000) nach Herausrechnung weiterer Einflussfaktoren; jeder Punkt steht für ein Land.

QUELLE: ECONOMIESUISSE   NZZ / efl.   Rscannzz-bX9A2

Abb. 2.3 Der statistische Zusammenhang zwischen Schüler:innenleistungen und dem Wirtschaftswachstum ausgewählter Länder[14]

zur Grafik kausal als Wirkung der Schulleistungen auf das Wirtschaftswachstum interpretiert wird. Das Betrachten dieses Schaubilds alleine bietet jedoch – wie oben erwähnt – keine Erklärung des gefundenen statistischen Zusammenhangs im Sinne der Beantwortung der Frage nach Ursache und Wirkung. So könnte sich

- das Merkmal x tatsächlich auf das Merkmal y auswirken („Schulische Leistung fördert Wachstum" in dem Sinne, dass sich eine Verbesserung bei den PISA-Ergebnissen positiv auf das Wirtschaftswachstum auswirkt),

---

[14] https://www.nzz.ch/wirtschaft/bildung-und-forschung-als-schluessel-fuer-kuenftiges-wachstum-1.18395248#back-register; Zugegriffen: 20.04.2021.

- das Merkmal y auf das Merkmal x auswirken („Wachstum fördert schulische Leistungen" in dem Sinne, dass Länder mit höherem Wachstum mehr Geld in ihr Bildungssystem investieren können und sich dies schließlich in den PISA-Leistungen niederschlägt) oder aber
- eine oder mehrere andere Variablen sowohl auf x als auch auf y auswirken („Friedenszeiten fördern Wachstum und schulische Leistungen" in dem Sinne, dass etwa das Ausmaß von kriegerischen Auseinandersetzungen mit anderen Ländern sowohl die Schüler:innenleistungen als auch das Wirtschaftswachstum beeinflussen).

Dabei ist es für eine korrekte Interpretation des einen solchen Zusammenhang charakterisierenden Korrelationskoeffizienten zudem überaus wichtig, sich auch das den Zusammenhang veranschaulichende „Streudiagramm" anzusehen. Dem englischen Statistiker John Anscombe (siehe auch: Kap. 5) ist es in den 1970er Jahren gelungen, die Bedeutung dieser Visualisierung durch ein von ihm konstruiertes einfaches „Quartett" von vier unterschiedlichen Datensätzen (siehe Abb. 2.4) zu unterstreichen. Diese liefern bei (annähernd) gleichen Mittelwerten als Kennzahlen der Lage und Varianzen als Kennzahlen der Streuung auch bezüglich der Korrelationen als Kennzahlen des Zusammenhangs nahezu identische Ergebnisse und dennoch völlig unterschiedlich aussehende Streudiagramme (Anscombe, 1973).

Eine Korrelation von 0,82 wie in diesen vier Datensätzen lässt im Allgemeinen an einen starken gleichsinnigen linearen Zusammenhang zwischen den beiden betrachteten Merkmalen denken. Man hat dann zumeist ein Streudiagramm wie jenes links oben in Abb. 2.3 vor

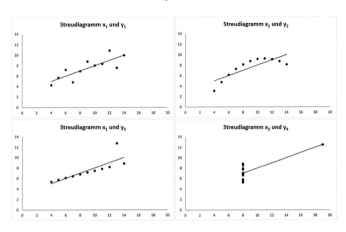

Abb. 2.4 Das „Anscombe-Quartett"

Augen, in dem alle einzelnen Punkte nahe an einer aus den Daten errechneten Trendlinie, der „Regressionsgeraden", liegen (siehe die „Info-Box: Regressionsgeraden"). Bei den anderen drei Datensätzen wäre dies jedoch eine Fehlinterpretation, die sich erst bei Betrachten der dazu gehörenden Streudiagramme offenbart. Rechts oben ist ersichtlich, dass die Punkte eher nahe an einer gedachten Kurve als einer Geraden liegen, links unten, dass es bis auf einen Ausreißer, der in der Praxis auch ein Tipp- oder Messfehler sein könnte, einen perfekten linearen Zusammenhang gibt. Schließlich ist rechts unten eine solche einzelne abweichende Beobachtung eingetragen, ohne die es nur einen einzigen x-Wert, aber viele verschiedene y-Werte gäbe, also kein Zusammenhang nachweisbar wäre. Erst durch Betrachtung des jeweiligen Streudiagramms kann man einen solchen Interpretationsfehlschluss bei Korrelationen erkennen und entsprechende Maßnahmen setzen, um den aufgetretenen Daten gerecht zu werden. So könnte man etwa eine Plausibilitätsprüfung der aufgezeichneten Ausreißer durchführen und im Falle der Bestätigung ihrer Korrektheit zum Beispiel die statistischen Analysen ohne die gefundenen Ausreißer durchführen und dies bei den Ergebnissen dann anmerken.

Regressionsgeraden wie jene in Abb. 2.4 dienen dazu, für Werte des Merkmals x Werte des Merkmals y zu schätzen. Für die Qualität einer solchen Schätzung ist natürlich entscheidend, dass bei den nicht beobachteten Daten derselbe Trend, der durch das Regressionsmodell beschrieben wird, wie bei den beobachteten vorliegt. Insbesondere bei einem auf der x-Achse dargestellten Zeitverlauf zur Prognose von Entwicklungen ist diese Voraussetzung häufig nicht erfüllt. Ein spektakuläres Beispiel dafür lieferte eine Prognose der Entwicklung des Anteils an Übergewichtigen und Fettleibigen (Body-Mass-Index ≥ 25) in den Vereinigten Staaten aus den diesbezüglichen zwischen den Jahren 1970 bis 2004 annähernd linear zunehmenden Anteilen (Wang et al., 2008). Finden Sie nicht auch, dass es geradezu absurd ist, anzunehmen, dass die Anteile dieser Bevölkerungsgruppe in Zukunft genauso weitersteigen werden wie in diesen Jahren? Die Steigerung muss doch abflachen, denn ein gewisser, nicht ganz kleiner Teil der U.S.-Bevölkerung wird mit Sicherheit auch in Zukunft einen BMI von unter 25 aufweisen. Diese Absurdität hätte den Autor:innen selbst bei völlig abwesender Statistical Literacy auffallen können, prognostizierten sie doch das Erreichen der 100 %-Prävalenz in der erwachsenen Gesamtbevölkerung für das Jahr 2048. Dabei sollte das allerdings für den weiblichen Teil nach der zu diesem Bevölkerungsteil gehörenden Regressionsgeraden bereits 2044, für den männlichen aber erst 2051 zutreffen. Wie jetzt? – Wir dachten, es wird 2048 schon für die gesamte Bevölkerung gelten! Auch andere Untergruppen der erwachsenen

Bevölkerung sollen die 100 %-Quote erst erreichen, nachdem schon alle übergewichtig und fettleibig sind! Eine bange Frage stellt sich uns solchermaßen Verzweifelten noch: Welchen Anteil an Übergewichtigen und Fettleibigen schätzen die Autor:innen denn für das Jahr 2100? – 140 %?

Info-Box: Prozent – Prozentpunkte

Häufig findet man in Medien gerade bei der Wahlberichterstattung Vermischungen von absoluten und relativen Angaben der folgenden Art: „Die SPÖ blieb zwar auf Platz eins, büßte jedoch 9 Prozent der Stimmen ein und hält bei 32 Prozent. Die Freiheitlichen gewannen in Linz stark, sind nun zweitstärkste politische Kraft ... mit 24,9 Prozent (+10,1)" („Tips Linz", 30. September 2015/KW40, S. 24). Es ist nun aber schlicht und ergreifend *falsch* zu behaupten, die SPÖ hätte nur 9,0 % der Stimmen im Vergleich zu ihrem vorangegangenen Wahlergebnis von 41,0 % eingebüßt.

Stellen Sie sich zum Beispiel vor, ein Fußballteam hätte in der vorletzten Saison 41 Punkte erreicht (die gemessene Einheit ist hierbei also Punkte) und in der letzten dann nur mehr 32. Der Rückgang im Vergleich zur Vorsaison beträgt demnach

- *absolut* 41 Punkte – 32 Punkte = 9 *Punkte* beziehungsweise
- *relativ* 9/41 · 100 ≈ 22 %

der 41 Vorjahrespunkte. Bei den vorangegangenen Gemeinderatswahlen in Linz hatte die SPÖ 41 % (die gemessene Einheit, die beim Fußball Punkte war, ist hier selbst schon Prozent) und bei den neuen nur mehr 32 % der Stimmen erreicht. Der Verlust beträgt somit

- *absolut* 41 % – 32 % = 9 % beziehungsweise
- *relativ* 9/41 · 100 ≈ 22 %

des 41-%igen Stimmenanteils der letzten Wahl. Das durch den Vergleich zu Prozentzahlen im zweiten Fall entstehende Formulierungsdilemma wird dadurch gelöst, dass bei absoluten Differenzen zweier Prozentzahlen die Einheit als Prozent*punkte* statt Prozent bezeichnet wird.

Die SPÖ hatte also im Vergleich zur letzten Wahl

- *absolut* 41 Prozentpunkte − 32 Prozentpunkte = 9 *Prozentpunkte* beziehungsweise
- *relativ* 9/41 · 100 ≈ 22 %

des 41-%igen Stimmenanteils verloren. Sie hatte eben nicht nur 9 % des Stimmenanteils vom letzten Mal eingebüßt, sondern 22 %, also mehr als ein Fünftel! Die Freiheitlichen wiederum gewannen im Vergleich zum Ergebnis von 14,8 % bei der vorangegangenen Wahl nun absolut 10,1 Prozentpunkte beziehungsweise relativ sogar 10,1/14,8 · 100 ≈ 68 %, also mehr als zwei Drittel ihres alten Stimmenanteils dazu!

Eine Umkehrung des Missverständnisses gelang schließlich noch auf ORF-Online: „In Oberösterreich ist die Arbeitslosigkeit im Februar im Vergleich zum Vorjahr um elf Prozentpunkte gesunken, so das Arbeitsmarktservice (AMS)".[15] Sie werden es nun sicher schon richtig vermuten: Natürlich ist die Arbeitslosenrate im Vergleich zum Vorjahr nicht absolut um elf Prozent*punkte*, sondern nur relativ um elf Prozent gesunken. Wenn Sie um elf Prozent*punkte* gesunken wäre, hätte sie, nachdem sie im Februar 2018 mit 6,4 % gemessen wurde, im Jahr davor für diese Region glücklicherweise selbst in Pandemiezeiten untypische 17,4 % betragen! Tatsächlich ist sie aber lediglich von 7,2 auf 6,4 % absolut um 7,2 − 6,4 = 0,8 Prozentpunkte oder relativ um 0,8/7,2 ≈ 11 % der ursprünglichen 7,2 % gesunken.

Info-Box: Statistische Kennzahlen

Zur Berechnung von Mittelwert und Median von vorliegenden Daten ist am Beispiel der in der deutschen Herren-Fußball-Bundesliga in der Spielzeit 2019/20 erzielten Tore (siehe die „Info-Box: Veranschaulichung von Häufigkeitsverteilungen" in Kap. 1) folgendermaßen vorzugehen: Es wurden pro Spiel verschiedene Anzahlen an Toren (0 bis 8) unterschiedlich häufig erzielt. Zählt man die Tore aller 306 Spiele zusammen, ergibt dies insgesamt

---

[15] http://ooe.orf.at/news/stories/2898399; Zugriff am 11.02.2022.

982 Tore. Dividiert man diese Anzahl durch alle 306 Spiele, so ergibt das einen Mittelwert von 3,21 Toren pro Spiel. Wären also in jedem Spiel gleich viele der 982 Saisontore gefallen, dann hätte man 3,21 Tore pro Spiel gesehen. Zur Berechnung des Medians wiederum müsste man alle 306 Spiele nach der Anzahl der erzielten Tore reihen. Diese geordnete Reihe umfasst daher zuerst die 12 Spiele, die torlos endeten, dann die 32, in denen nur ein Tor erzielt wurde, und so fort. Von allen 306 Spielen stehen dann das 153. und 154. in der Mitte. (Nur bei einer ungeraden Anzahl steht tatsächlich genau ein Wert genau in der Mitte.) Diese beiden weisen jeweils 3 Tore auf. Der Median der Tore ist deshalb 3 Tore. Daraus lässt sich ableiten, dass in der „torärmeren" Hälfte aller 306 Spiele höchstens 3 Tore, während in der „torreicheren" Hälfte aller 306 Spiele mindestens 3 Tore erzielt wurden. Dass der Mittelwert in diesem Anwendungsbeispiel etwas größer als der Median ausfällt, hat mit einigen wenigen ungewöhnlich großen Merkmalswerten zu tun. Diese werden in der Statistik als Ausreißer bezeichnet. Die Spiele mit sieben und sogar acht Toren ziehen den Mittelwert nach oben. Der Median ist solchen untypischen Merkmalswerten gegenüber unempfindlich oder robust. Beide Kennzahlen eignen sich auch gut zum Vergleich der Entwicklungen interessierender Merkmale über die Zeit, die sich dann wiederum grafisch darstellen lassen.

Mit Streuungskennzahlen wie der „Varianz" σ^2, das ist der Durchschnitt aller quadrierten Abweichungen der aufgetretenen Daten von ihrem Mittelwert, dokumentiert man die Unterschiedlichkeit der aufgetretenen Merkmalsausprägungen. Mit dem Korrelationskoeffizienten ρ nach Karl Pearson (1857–1936) spürt man dem linearen statistischen Zusammenhang zwischen zwei metrischen Merkmalen wie zum Beispiel Alter und Einkommen nach. Zu diesem Zweck muss die „Kovarianz" σ_{xy} zweier Merkmale, das ist der Durchschnitt der Produkte der Abweichungen der aufgetretenen Werte vom jeweiligen Mittelwert durch Division durch die beiden Standardabweichungen σ_x und σ_y, welche die positiven Wurzeln aus deren Varianzen sind, normiert werden:

$$\rho = \frac{\sigma_{xy}}{\sigma_x \cdot \sigma_y}$$

Auf diese Weise quantifiziert dieser Koeffizient ρ sowohl Richtung als auch Stärke des in einem Streudiagramm wie zum Beispiel jenem von Abb. 2.3 ersichtlichen linearen Zusammenhangs zwischen den beiden Merkmalen. Der mögliche Wertebereich des Pearson'schen Korrelationskoeffizienten liegt von -1 bis $+1$. Sein Vorzeichen gibt die Richtung des linearen Zusammenhangs an, seine Entfernung von null die Stärke. Ein positives Vorzeichen bedeutet, dass der Zusammenhang gleichsinnig ist (im Sinne von: umso höher x, desto höher tendenziell auch y und umgekehrt), ein negatives, dass er gegensinnig ist (im Sinne von: umso höher x, desto niedriger tendenziell y und umgekehrt). Positiv ist mit dem Merkmal Alter korreliert, was mit zunehmendem Alter tendenziell steigt, negativ, was mit zunehmendem Alter tendenziell fällt. Umso größer der Betrag des Korrelationskoeffizienten ist, desto stärker ist im betrachteten Wertebereich der lineare Zusammenhang zwischen den beiden betrachteten Merkmalen, desto mehr Information über das eine Merkmal steckt also schon im anderen. Eine Auskunft über die Kausalität des Zusammenhangs gibt der Korrelationskoeffizient allerdings nicht.

Info-Box: Regressionsgeraden

Die Regressionsrechnung beschäftigt sich mit kausalen Zusammenhängen zwischen metrisch skalierten Merkmalen. Dabei soll über eine mathematische Funktion eines oder mehrerer unabhängiger Merkmale der Wert eines davon abhängigen Merkmals berechnet werden. Ein Beispiel dafür ist die Berechnung des Bremswegs eines Autos auf Basis von Geschwindigkeit und Gewicht des Autos, des Zustands der Bremsen, der Fahrbahnbeschaffenheit und weiterer Faktoren.

Der einfachste Fall ist die Regressionsgerade zur Darstellung eines linearen Zusammenhangs zweier Merkmale. Darunter wird jene Gerade verstanden, die in einem bestimmten mathematischen Sinne am nächsten zu den beobachteten Punkten eines Streudiagramms liegt. Konkret ist das jene Gerade, für welche die Summe der quadrierten vertikalen (oder auch der horizontalen) Abstände der tatsächlich beobachteten y-Werte von den y-Werten auf der Geraden, die sogenannten „Residuen", minimiert. Die Parameter α und β für die Gleichung $y = \alpha + \beta \cdot x$ jener Geraden, die diese Bedingung erfüllt, erhält man somit als Lösung einer Extremwertaufgabe. Das Einsetzen eines x-Wertes in die auf diese Weise errechnete Geradengleichung ergibt eine Schätzung des dazugehörenden y-Wertes. Um in eine solche Schätzung vertrauen haben zu können, sollten alle Punkte des Streudiagramms so wie in jenem links oben in Abb. 2.4 nahe an dieser Trendlinie liegen. Zudem ist natürlich Voraussetzung, dass der lineare Trend auch für die nicht beobachteten Merkmalswerte gültig ist.

Häufig sind Zusammenhänge keine linearen wie dies bei einer Regressionsgeraden vorausgesetzt wird, sondern nichtlinearer Natur (wie in Abb. 2.4 zum Beispiel im Streudiagramm rechts oben). Auch können sich wie beim oben erwähnten Bremswegbeispiel gleich mehrere unabhängige Merkmale auf ein von diesen Merkmalen abhängiges auswirken. Mit all diesen Fragen setzt sich die statistische Regressionsanalyse auseinander. Die Idee hinter der Berechnung solcher komplexerer Regressionsfunktionen bleibt aber dieselbe wie bei der einfachen linearen Regression.

Literatur

Anscombe, F. J. (1973). Graphs in statistical analysis. *The American Statistician, 27*(1), 17–21.

Gigerenzer, G. (2016). *Das Einmaleins der Skepsis. Über den richtigen Umgang mit Zahlen und Risiken* (2. Aufl.). Piper.

Quatember, A. (2015). *Statistischer Unsinn. Wenn Medien an der Prozenthürde scheitern*. Springer Spektrum.

Wang, Y., Beydoun, M. A., Liang, L., Caballero, B., & Kumanyika, S. K. (2008). Will all Americans become overweight or obese? Estimating the progression and cost of the US obesity epidemic. *Obesity, 16*(10), 2323–2330.

3

Warum wir sicher sind: Sensitive Wahrscheinlichkeiten

In der Flut von Informationen, in denen wir alle täglich unterzugehen drohen, ist es auch für ernsthafte Anliegen nicht einfach, öffentliche Aufmerksamkeit zu erzeugen. Im Falle der HIV-Infektionsproblematik versuchen verschiedene Organisationen dies auf ganz unterschiedliche Weise zu bewerkstelligen. So veranstaltet etwa die UNAIDS, das ist die AIDS-Organisation der UNO, jährlich am 1. Dezember den Welt-AIDS-Tag, um durch verschiedene Aktionen an HIV und AIDS zu erinnern und Solidarität mit HIV-infizierten Menschen zu zeigen.[1] Ferner sollen Veranstaltungen wie zum Beispiel die Charity-Operngala der deutschen AIDS-Stiftung oder der traditionelle, mittlerweile leider nicht mehr stattfindende Wiener Life Ball, das war die größte Benefizveranstaltung

---

[1] http://www.unaids.org/en/; Zugegriffen: 11.02.2022.

Europas veranstaltet von LIFE+, zur Förderung der Aufklärung, Akzeptanz und Aufgeschlossenheit im Bereich HIV/AIDS beitragen.

Eine der Kampagnen von LIFE+ ist „Know Your Status".[2] „Kenne Deinen Status" wendet sich an uns alle, völlig unabhängig von einer Risikogruppenzugehörigkeit. Erklärtes Ziel ist es, das Wissen um den eigenen HIV-Status so selbstverständlich erscheinen zu lassen wie jenes um die eigene Blutgruppe. Im Speziellen wird damit ein HIV-Schnelltest beworben, mit dem man durch einfache Blutabnahme an mobilen Stationen binnen weniger Minuten seinen HIV-Status erfahren soll. Ein solcher Schnelltest ist seit 2018 auch in schweizer, österreichischen und deutschen Apotheken rezeptfrei erhältlich. Dieser Test verspricht seinen Benutzer:innen die Feststellung des HIV-Status innerhalb von 15 min in der Privatheit der eigenen vier Wände.[3,4]

Im gegenständlichen Fall sind natürlich die Produzent:innen der Tests an der „Know Your Status"-Kampagne interessiert, aber auch die Apotheken, welche als neue Verkaufskanäle fungieren. Die Frage ist nur, ob die flächendeckende Erhebung des HIV-Status auch von gesellschaftlichem Interesse ist, beziehungsweise ob wirklich alle Getesteten davon profitieren, diese Schnelltests zu benützen (vgl. etwa: Gigerenzer, 2016, Kap. 5). Leider wird es in diesem Zusammenhang typischerweise unterlassen, auch (prominent) über die Wahrscheinlichkeit der Korrektheit eines positiven Befundes zu informieren. Diese ist aber für eine positiv getestete Person in Hinblick

---

[2] https://lifeplus.org/know-your-status/; Zugegriffen: 11.02.2022.

[3] SRF zwei-Teletext, 18.06.2018; S. 107.

[4] https://www.sn.at/panorama/oesterreich/nun-ist-es-fix-hiv-tests-fuer-daheim-bewilligt-28052419; Zugegriffen: 09.08.2019.

auf den Umgang mit einem solchen psychisch belastenden Testergebnis von geradezu existenzieller Bedeutung.

Im Folgenden werden wir uns also mit Wahrscheinlichkeiten von unsicheren Ereignissen beschäftigen, einem unabdingbaren Grundkonzept der Statistik. Bei der sogenannten frequentistischen Interpretation geht man davon aus, dass diese den relativen Häufigkeiten bestimmter Ereignisse in einer fiktiven langen (unendlichen) Reihe von gleichartigen Konstellationen entsprechen. Dies ist ein Konzept, welches bei wiederholbaren Zuständen wie Münz- oder Würfelwürfen sehr anschaulich ist, aber zum Beispiel bei Atomreaktorunglücken an unsere Vorstellungsgrenzen stößt. Das Rechnen mit solchen Wahrscheinlichkeiten entstammt der Stochastik, jenem Teilgebiet der Mathematik, welches sich mit dem Zufall beschäftigt. Ihren Ursprung hat diese eben gerade im Glückspiel. Der berühmte Briefwechsel zwischen Blaise Pascal (1623–1662) und Pierre de Fermat (1607–1665) beschäftigte sich mit der fairen Teilung des Gewinns im Fall eines Spielabbruchs, wenn etwa einer der beteiligten Spieler doch wieder mal nach Hause gehen wollte. Für eine leicht lesbare, ausführliche Darstellung sei Devlin (2009) empfohlen.

Zurück zum HIV-Status: Veranschaulichen wir uns hierbei die Fakten mit jenen Zahlen, die für den sogenannten „Rapid point-of-care HIV Test" zu finden sind.[5] Die Wahrscheinlichkeit dafür, dass man positiv getestet wird, wenn man auch tatsächlich HIV-positiv ist, das ist die sogenannte „Sensitivität" des Testverfahrens, wird mit 99,6 % angegeben. Die „Spezifität" des Tests wiederum, das ist die Wahrscheinlichkeit dafür, dass man

---

[5] http://www.catie.ca; Zugegriffen: 05.07.2018.

negativ getestet wird, wenn man auch tatsächlich nicht infiziert ist, liegt bei 99,3 %. Diese hohen Wahrscheinlichkeiten werden selbst von Ärzt:innen häufig dahingehend (wie sich zeigen wird: miss-) interpretiert, dass ein vorliegendes Testergebnis verlässlich sei (Wegwarth & Gigerenzer, 2013). Und dies offenbar sogar entgegen ihren eigenen Erfahrungen mit ihren Patient:innen.

Angenommen, wie in der Gesamtbevölkerung seien geschätzte 0,1 % der Personen (Prävalenz, siehe Kap. 2), die unter dem Motto „Know Your Status" an einem flächendeckenden HIV-Screening per Schnelltest teilnehmen, tatsächlich HIV-positiv. Bei zum Beispiel einer Million Testpersonen ergäbe dies 1000 infizierte Menschen. Beim "Rapid point-of-care Test" mit der Testsensitivität von 99,6 % wären darunter 996 richtig positive und 4 falsch negative Testergebnisse zu erwarten. Unter den 999.000 nichtinfizierten Menschen müssten bei einer Testspezifität von 99,3 % durchschnittlich $999.000 \cdot 0,993 = 992.007$ korrekt negativ getestet werden. Die restlichen 0,7 % aber, das sind 6993 (!) tatsächlich nichtinfizierte Menschen, würden ein falsches positives Testergebnis erhalten. Demnach würden sich unter den insgesamt im Screening zu erwartenden 7989 positiv Getesteten nur 996 wirklich Infizierte befinden. Bei den restlichen positiven Befunden würde es sich um falschen Alarm handeln. Die für die positiv getesteten Personen so wichtige Wahrscheinlichkeit dafür, dass man auch tatsächlich HIV-positiv ist, läge also nur bei

$$996/7989 \cdot 100 \approx 12,5\%.$$

Nur jede achte positiv getestete Person wäre wirklich HIV-positiv! Dieser Prozentsatz ergibt sich rechnerisch auch durch Anwendung der sogenannten Bayes-Regel (siehe die „Info-Box: Bayes-Regel").

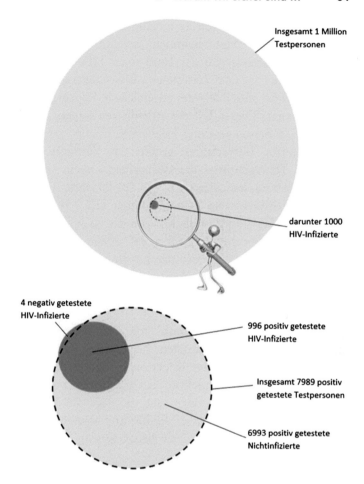

Abb. 3.1 Die Wahrscheinlichkeit einer tatsächlichen HIV-Infektion (rot) bei Vorliegen eines positiven Befundes (strichlierter Kreis) beim „Rapid point-of-care Test"

Abb. 3.1 soll diese Ergebnisse für den „Rapid point-of-care Test" grafisch erklären. Die grüne Kreisfläche spiegelt die gedachten eine Million Testpersonen wider. Darunter befinden sich im roten Kreis die 1000 tatsächlich Infizierten. Der strichlierte Kreis beinhaltet die 7989 zu erwarteten positiven Testergebnisse. Wie sich durch das Vergrößern zeigt, befinden sich innerhalb dieses strichlierten Kreises 996 der 1000 roten HIV-Infizierten. Der Rest der positiv Getesteten, dieser entspricht der grünen Fläche innerhalb des strichlierten Kreises, ist gar nicht infiziert. Dieser Teil des strichlierten Kreises macht aber 87,5 % dessen gesamter Fläche aus.

Bei diesem Testverfahren erhöht das Vorliegen eines positiven Testergebnisses die Wahrscheinlichkeit, tatsächlich infiziert zu sein, drastisch von 0,1 % ohne Test auf 12,5 %. Dennoch wäre es noch immer viel wahrscheinlicher nicht HIV-infiziert als HIV-positiv zu sein, obwohl der Schnelltest positiv ausgefallen ist! – Wie kommt das? Die Ursache für diese trotz der hohen Testsensitivitäten und -spezifitäten so geringen Wahrscheinlichkeiten ist der glücklicherweise sehr große   Anteil an Nichtinfizierten. Denn wenngleich nur 0,7 % davon falsch positiv getestet werden, ergibt das eine Anzahl von Personen, die jene der korrekt positiv Getesteten bei weitem überlagert. Bei höherer Prävalenz der Infektionen würde die Wahrscheinlichkeit für eine Infektion bei gegebenem positivem Testergebnis deutlich größer sein. So läge sie bei den gegebenen Werten für Testsensitivität und -spezifität, aber einer einprozentigen Prävalenz beispielsweise schon bei 59,0 %.

Auf der Webseite zum „Rapid point-of-care HIV Test" wird jedoch ohne Raum für Zweifel behauptet: „The rapid point-of-care HIV Test is a testing technology that allows people to be tested for HIV and know their status during the same visit." Auch auf www.netdoktor.at findet sich die bemerkenswerte Feststellung: „Wer positiv auf HIV getestet wird, trägt das Virus in sich und kann es auch auf andere Menschen übertragen". Diese wird noch ergänzt durch die Bekräftigung: „Falsch positive oder falsch negative Ergebnisse kommen praktisch nicht vor."[6]

Solche Fehleinschätzungen des Wertes eines positiven Testbefundes ziehen natürlich häufig völlig unnötige Behandlungen von durch das Testergebnis verängstigten Personen nach sich. Wegwarth und Gigerenzer (2013) zeichnen die Ergebnisse einer Vielzahl von einschlägigen Studien zur Statistikkompetenz von Ärzt:innen und Berater:innen im Gesundheitswesen nach. Diesen ist gemeinsam, dass die große Mehrheit des aus diesem Bereich stammenden Personals aus Wahrscheinlichkeiten wie den oben angeführten keine kompetenten Schlussfolgerungen zum tatsächlichen Vorliegen der Erkrankung bei ihren Patient:innen zu ziehen im Stande sind (vgl. ebd., S. 142–144). Eine der Hauptursachen dieser von den beiden Autoren als „statistischer Analphabetismus" (also statistische Illiteracy) bezeichneten Unfähigkeit ist natürlich vor allem in der unzeitgemäßen mangelhaften Qualität der Ausbildung in medizinischer Statistik im Rahmen der Medizinstudien zu orten.

Das alles spricht vielleicht nicht unbedingt *gegen* den Schnelltest und die Initiative „Know your status". Für eine solche Bewertung gilt es zwischen dem Wunsch, vorliegende HIV-Infektionen auch zu entdecken, und der potenziellen Tragödie, die ein falscher Alarm für den Menschen und sein Umfeld auslösen kann, abzuwägen. Jedenfalls aber spricht es *für* eine zur Vermeidung von unbedachten Reaktionen wegen eines falschen Alarms notwendige, der Verantwortung entsprechende korrekte Aufklärung über diese Fakten. Genau diese fehlt allerdings, wenn der Schnelltest zu Hause oder an einer

---

[6] https://www.netdoktor.at/untersuchung/hiv-test-8242; Zugegriffen: 09.08.2019.

mobilen Station ohne Beratung durch auch in Hinblick auf diese statistischen Fakten kompetente Ärzt:innen oder Mitarbeiter:innen von Betreuungseinrichtungen durchgeführt wird. Aber ein solcher Test ist – auch wenn es ein Schnelltest ist – eine durch und durch ernste Angelegenheit und kein Spielzeug. Deshalb wäre eine Ergänzung der Kampagne wünschenswert oder eigentlich sogar unabdingbar: Know your status, but know your probability, too!

Dazu kommt noch ein weiterer Aspekt des Schnelltests: durch die Selbstadministrierung entstehen zusätzliche Fehlerquellen, welche Sensitivität und Spezifität potenziell verringern. Wir haben es in diesem Fall also möglicherweise mit zweifachen Falschinformationen zu tun; erstens mit der individuellen Auskunft durch den Test, HIV-positiv zu sein (hier ist es ja geradezu wünschenswert, dass die Information falsch ist), und zweitens mit der Werbekampagne, welche nur unzureichend über tatsächliche Fehldiagnoserisiken informiert.

Solche Berechnungen wie oben sind bei allen diagnostischen Tests anzustellen, deren Erfolg nicht absolut gesichert ist. Weitere Beispiele betreffen Krebstests wie die Mammografie (vgl. etwa: Gigerenzer, 2016, Kap. 5), den Darmkrebsbluttest (vgl. ebd., Kap. 6), den PSA-Test auf Erkrankung an einem Prostatakarzinom (vgl. etwa: Paul et al., 1995) oder auch den Bluttest von Schwangeren zur Feststellung des Down-Syndroms beim Fötus.[7] Bei all diesen Verfahren liegen hohe bedingte Trefferwahrscheinlichkeiten vor, die aber wegen der glücklicherweise niedrigen Prävalenz bei flächendeckender Durchführung dennoch dazu führen, dass positive

---

[7] https://www.aerztezeitung.de/politik_gesellschaft/medizinethik/article/887202/cfdna-bluttest-trisomie-21-erst-fakten-dann-moral.html; Zugegriffen: 11.02.2022.

Tab. 3.1 Die Wahrscheinlichkeiten dafür, dass bei verschiedenen medizinischen Testverfahren bei einem positiven Befund im Screening tatsächlich die jeweilige Erkrankung vorliegt

Testver- fahren	Prävalenz	Sensitivität	Spezifität	Wahrschein- lichkeit der Erkrankung bei positivem Befund
Rapid point-of-care HIV Test	0,001	0,996	0,993	0,125
Mammo-grafie	0,008	0,9	0,93	0,094
Darmkrebs-bluttest	0,003	0,5	0,97	0,048
PSA-Prostata-Test	0,08	0,808	0,384	0,102
Bluttest auf Down-Syndrom	0,002	1	0,999	0,667

Testergebnisse nicht automatisch mit dem Vorliegen der Erkrankung gleichzusetzen sind (siehe Tab. 3.1). Die verwendeten Zahlen sind den angegebenen Quellen entnommen. Wenn Sie andere kennen, setzen Sie einfach die Ihren ein!

Deshalb sind solche Testergebnisse immer auch noch durch weitere Tests abzusichern bevor mit Therapien begonnen wird. Genau darüber sollten Patient:innen von ihren Ärzt:innen vor der Durchführung all dieser Tests aufgeklärt werden, um ihnen eine korrekte Risikoeinschätzung zu ermöglichen. Dazu ist aber die Statistical Literacy der Ärzt:innen Voraussetzung.

Auch in anderen Bereichen kommen ähnliche Fehleinschätzungen vor. Betrachten wir als Beispiel eine Studie zum Thema Sozialbetrug in Österreich. Unter diesem Begriff wird zum Beispiel der Bezug von Arbeitslosengeld trotz vorhandener Beschäftigung oder der Erhalt eines Wohnkostenzuschusses ohne tatsächlich bestehender Bedürftigkeit zusammengefasst. Eine Erkenntnis dieser Studie war, dass solches Verhalten in erster Linie von Inländer:innen (von nun an: Gruppe A) und nicht von ausländischen Staatsbürger:innen (Gruppe B) an den Tag gelegt wird. Daraus wird medial unter der Überschrift „Falsche Volksmeinung" gefolgert:

> *„Wer zockt den Sozialsaat ab? Eine Straßenumfrage in Wien bringt die erwarteten Antworten: die Ausländer. Der Linzer Experte Friedrich Schneider widerspricht: ‚Es sind wahrscheinlich drei Viertel Österreicher, die den Betrug begehen.' Die Österreicher wüssten besser Bescheid, wie sie den Sozialstaat ausnützen, ‚weil nicht alle Ausländer lange genug in Österreich sind, um zu wissen, auf welche Bereiche sie Ansprüche haben.'"[8]*

Rund 75 % der Fälle werden demnach von Mitgliedern der Gruppe A begangen, nur 25 % von jenen der Gruppe B. Wenn man aber weiß, dass mehr als 80 % der Wohnbevölkerung zur Gruppe A gehören, dann ist diese Gruppe unter den Sozialbetrugsfällen somit doch *unter*repräsentiert und die gegebenen Erklärungen laufen ins Leere! Es drängt sich vielmehr die Volksmeinung auf, dass in Gruppe B diesbezüglich doch mehr kriminelle Energie vorhanden ist. Schließen Sie denn beispielsweise aus dem Faktum, dass die große Mehrheit der weltweit pro Jahr verzeichneten Verkehrsunfälle von – sagen wir – Nicht-Brit:innen verursacht werden, darauf, dass Nicht-Brit:innen schlechtere Autofahrer:innen als Brit:innen sein müssen? – Wohl nicht!

---

[8] https://oe1.orf.at/artikel/334336/Studie-Sozialbetrug-ist-kein-Auslaenderproblem; Zugegriffen: 02.02.2021.

Dennoch besitzt die gegebene Datenlage möglicherweise einen weiteren Twist, der die zu Recht korrigierten Interpretationen nochmals umkehrt. Denn bei einem solchen Vergleich von Anteilen bestimmten Verhaltens in verschiedenen Bevölkerungsgruppen ist in der Regel die Frage zu stellen, ob sich die betrachteten Gruppen nicht durch weitere Merkmale unterscheiden, die womöglich einen entscheidenden Einfluss auf die beobachteten Verhaltensweisen besitzen. Eine diese Einflussfaktoren ignorierende aggregierte Betrachtung allein auf Basis der Gruppenzugehörigkeit würde dann zu falschen Schlussfolgerungen bezüglich der Ursachen für die gefundenen Unterschiede führen. Ein solcher Einflussfaktor könnte im gegenständlichen Fall etwa die Branchenzugehörigkeit der Erwerbspersonen sein.

Stellen wir uns dafür eine Million Erwerbspersonen vor. Ähnlich wie in der Studienrealität gehören – sagen wir – 18 % davon, das wären also 180.000, zur Gruppe B, der Rest zur Gruppe A. Von den 820.000 Mitgliedern der Gruppe A begehen 150.000 Sozialbetrug (S), das sind 18,3 %, der Rest nicht ($\bar{S}$). Von den 180.000 Mitgliedern der Gruppe B begehen 50.000 Sozialbetrug (27,8 %). Somit betrügen insgesamt 200.000 oder 20 % der Erwerbspersonen, darunter – wie in der Studie – drei Viertel mit Zugehörigkeit zur Gruppe A (Abb. 3.2).

Nun aber ignorieren wir die zusätzliche Information nicht mehr, dass sich die Erwerbspersonen auf zwei Branchen (I und II) aufteilen. Sie tun dies im Verhältnis 3:7. In Branche I gehören 140.000 der 300.000 Personen zur Gruppe A, während 160.000 zur Gruppe B gehören. In Branche II gehören wiederum 680.000 zur Gruppe A und nur 20.000 zur Gruppe B. In Branche I ist das kriminelle Verhalten S jedoch traditionell stärker als in Branche II vorhanden und zwar bei 96.000 oder 32 % der 300.000 Personen (Abb. 3.3).

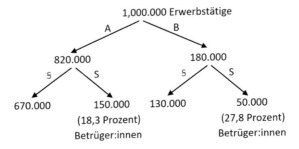

Abb. 3.2 Die Aufteilung von einer Million Erwerbstätigen nach den Merkmalen Gruppenzugehörigkeit (A und B) und Sozialbetrugsverhalten (S̄ und S)

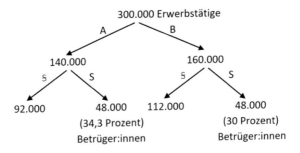

Abb. 3.3 Die Aufteilung von 300.000 Erwerbstätigen der Branche I nach den Merkmalen Gruppenzugehörigkeit (A und B) und Sozialbetrugsverhalten (S̄ und S)

Es weisen somit 48.000 oder 34,3 % der 140.000 Mitglieder der Gruppe A das Verhalten S auf, während dies 48.000 oder nur 30 % der 160.000 der Mitglieder von Gruppe B tun.

In Branche II ist Sozialbetrug bei 104.000 oder nur 14,9 % der 700.000 Personen vorhanden. Von den 680.000 Personen aus Gruppe A in dieser Branche sind 102.000 oder 15 % Sozialbetrüger:innen. Von den 20.000 aus Gruppe B sind es 2000 oder 10 % (Abb. 3.4).

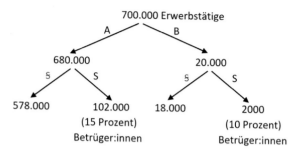

Abb. 3.4 Die Aufteilung von 700.000 Erwerbstätigen der Branche II nach den Merkmalen Gruppenzugehörigkeit (A und B) und Sozialbetrugsverhalten (ß und S)

Somit ist das kriminelle Verhalten in beiden Branchen unter den Zugehörigen der Gruppe A stärker vertreten als unter denen der Gruppe B. Über alle Branchen zusammen aber ist das Gegenteil der Fall (siehe Abb. 3.2). Der Grund für dieses Paradoxon ist einfach, dass überproportional viele Erwerbspersonen aus der Gruppe B in der dem Betrugsverhalten mehr zugeneigten Branche I arbeiten. Der direkte (wie sich nun herausstellt) *Trug*schluss aus den aggregierten Daten lässt sich nur unter der Lupe solcher Einflussfaktoren vermeiden. Für ihre Berücksichtigung ist neben der diesbezüglichen Statistical Literacy die Fachkompetenz in jenem Bereich gefragt, dem der Untersuchungsgegenstand angehört. Fakt ist, dass sich betrachtete Teilpopulationen häufig hinsichtlich entscheidender Einflussfaktoren für gefundene Effekte (wie zum Beispiel auch die Altersstruktur) unterscheiden. Wenn eine solche Teilpopulation etwa hauptsächlich aus jüngeren Menschen besteht, wird ein in der jungen Bevölkerung häufiger auftretendes Verhalten in dieser Teilpopulation auch insgesamt in Relation häufiger vorkommen als in anderen mit einer stärker streuenden Altersstruktur. Dabei kann es unter den Jungen dieses Teils möglicherweise sogar seltener vorkommen als unter den Jungen der anderen Teilpopulationen.

Dieses für die empirische Forschung in allen Bereichen relevante Phänomen, das zur Vorsicht bei kausalen Schlussfolgerungen mahnt (siehe dazu auch: Kap. 2), wird in der Statistik als „Simpsons Paradoxon" bezeichnet. Benannt wurde es nach dem britischen Statistiker Edward H. Simpson (1922–2019), der sich mit ähnlichen Phänomenen von statistischen Assoziationen beschäftigte.[9] Auch diese errechneten Prozentsätze ergeben sich rechnerisch durch Anwendung der bereits zitierten Bayes-Regel (siehe die „Info-Box: Bayes-Regel").

Leider weiß niemand, wie viele falsche Schluss-folgerungen bereits auf Basis von aggregierten Darstellungen deshalb gezogen wurden, weil Forscher:innen dieses Problem einfach nicht bewusst war.

Info-Box: Bayes-Regel

Die Betrachtungen für den beschriebenen Schnelltest lassen sich von Anfang an nicht nur durch absolute Zahlen führen, sondern selbstverständlich auch durch Prozent-zahlen: Die Gesamtbevölkerung umfasst etwa 0,1 % HIV-Infizierte und 99,9 % Nichtinfizierte. Von den HIV-Infizierten werden bei dem Schnelltest 99,6 % auch tat-sächlich positiv getestet. Von den Nichtinfizierten sind für 99,3 % ein negatives und 0,7 % ein positives Testergebnis zu erwarten. Somit teilt sich die 100 % Gesamtbevölkerung zu nachfolgenden Anteilen in vier Gruppen auf:

- $0{,}001 \cdot 0{,}996 \cdot 100 = 0{,}0996$ % der Bevölkerung sind HIV-positiv und erhalten ein positives Testergebnis,
- $0{,}001 \cdot 0{,}004 \cdot 100 = 0{,}0004$ % der Bevölkerung sind HIV-positiv und erhalten ein negatives Testergebnis,

---

[9] https://www.britannica.com/topic/Simpsons-paradox; Zugegriffen: 02.07.2021.

- $0{,}999 \cdot 0{,}002 \cdot 100 = 0{,}6993\,\%$ der Bevölkerung sind HIV-negativ und erhalten ein positives Testergebnis und
- $0{,}999 \cdot 0{,}993 \cdot 100 = 99{,}2007\,\%$ der Bevölkerung sind HIV-negativ und erhalten ein negatives Testergebnis.

Somit sind insgesamt $0{,}0996 + 0{,}6993 = 0{,}7989\,\%$ der Bevölkerung positiv getestet, worunter sich die $0{,}0996\,\%$ tatsächlich HIV-Infizierten und die $0{,}6993\,\%$ tatsächlich Nichtinfizierten befinden. Demnach ist die Wahrscheinlichkeit für das Vorliegen einer HIV-Infektion, wenn ein positiver Befund vorliegt:

$$0{,}000996/(0{,}000996 + 0{,}006993) \cdot 100 \approx 12{,}5\,\%.$$

Damit landen wir sanft bei der sogenannten Bayes-Regel der Wahrscheinlichkeitstheorie: Diese Formel zur Berechnung von Wahrscheinlichkeiten für das Auftreten eines bestimmten Ereignisses „im Lichte" (das wird durch den senkrechten Strich nachfolgend formalisiert) des Vorliegens einer bestimmten Beobachtung (man spricht dann auch von bedingten Wahrscheinlichkeiten, gegeben die Beobachtung) besteht in unserem Fall aus folgender Rechenanweisung:

$$P(E|B) = \frac{P(E) \cdot P(B|E)}{P(E) \cdot P(B|E) + P(\not E) \cdot P(B|\not E)}$$

Darin bezeichnen E und $\not E$ das Auftreten beziehungsweise Nichtauftreten des Ereignisses, B das Vorliegen der Beobachtung und $P(\cdot)$ die Wahrscheinlichkeit des innerhalb der Klammern beschriebenen Ereignisses. Für den Schnelltest gilt etwa: $P(E) = 0{,}001$ (das entspricht der Prävalenz der HIV-Infektion in der Population), $P(B|E) = 0{,}996$ (das entspricht der Testsensitivität), $P(\not E) = 1 - P(E) = 0{,}999$ und $P(B|\not E) = 0{,}007$ (das ist eins minus der Testspezifität). Somit beträgt die Wahrscheinlichkeit für das Ereignis (HIV-Infektion) im Lichte des positiven Testbefundes

$$P(E|B) = \frac{0{,}001 \cdot 0{,}996}{0{,}001 \cdot 0{,}996 + 0{,}999 \cdot 0{,}007} \approx 0{,}125$$

Thomas Bayes (1701–1761) war ein englischer Theologe, dessen Name durch den posthum von seinem Freund Richard Price (1723–1791) veröffentlichten Artikel „An Essay towards solving a Problem in the Doctrine of Chances" berühmt geblieben ist. Auf der darin präsentierten Bayes-Regel (siehe oben) zur Errechnung sogenannter inverser Wahrscheinlichkeiten beruht seitdem eine ganze Gedankenschule der Statistik, welche insbesondere seit der Einführung computerintensiver Verfahren neue Popularität gewinnen konnte. Zur Einführung in die Anfänge und frühen Erfolge der Bayes'schen Statistik sei die fesselnde populärwissenschaftliche Aufarbeitung von Bertsch McGrayne (2011) ans Herz gelegt.

Literatur

Bertsch McGrayne, S. (2011). *Die Theorie, die nicht sterben wollte: Wie der englische Pastor Thomas Bayes eine Regel entdeckte, die nach 150 Jahren voller Kontroversen heute aus Wissenschaft, Technik und Gesellschaft nicht mehr wegzudenken ist.* Springer Spektrum.

Devlin, K. (2009). *Pascal, Fermat und die Berechnung des Glücks. Eine Reise in die Geschichte der Mathematik.* Beck.

Gigerenzer, G. (2016). *Das Einmaleins der Skepsis. Über den richtigen Umgang mit Zahlen und Risiken* (2. Aufl.). Piper.

Paul, R., Breul, J., & Hartung, R. (1995). Sensitivität, Spezifität und positiver Vorhersagewert von PSA, PSA-Density, digital rektaler Untersuchung und transrektalem Ultraschall zur Früherkennung des Prostatakarzinoms. *Aktuelle Urologie, 26*, 164–169.

Wegwarth, O., & Gigerenzer, G. (2013). Mangelnde Statistikkompetenz bei Ärzten. In G. Gigerenzer & J. A. Muir Gray (Hrsg.), *Bessere Ärzte, bessere Patienten, bessere Medizin. Aufbruch in ein transparentes Gesundheitswesen* (S. 137–151). Medizinisch Wissenschaftliche Verlagsgesellschaft.

4

Wofür etwas steht: Zweifelhafte Repräsentativität

Haben Sie beispielsweise schon einmal „Chili con Carne" gekocht und zwischendurch geprüft, ob eventuell nachzuwürzen ist? Die Beurteilung des Geschmacks der Speise erfolgt natürlich auf Basis einer Stichprobe und nicht einer Vollerhebung. Zu diesem Zweck muss aber gewährleistet sein, dass die entnommene Kostprobe zumindest annähernd so schmeckt wie das gesamte Gericht, sie muss also in Hinblick auf die Würze „repräsentativ" sein. Dafür sind einige Voraussetzungen zu erfüllen: So darf die Probe natürlich nicht etwa gleich dort entnommen werden, wo gerade weitere Chilis hinzugefügt wurden, um nicht ein verzerrtes Bild des Gesamtgeschmacks zu erhalten. Vielmehr sollte das Gericht vor der Probenentnahme ordentlich mit dem Kochlöffel durchgerührt werden, damit man sich darauf verlassen kann, dass jede Probe, wo auch immer sie entnommen wird, zu einem möglichst ähnlichen Geschmacksergebnis führt. Aber selbst dann kann es vorkommen, dass sich gerade im entnommenen Teil der Speise zufällig etwas mehr oder etwas weniger Schärfe angesammelt hat als im übrigen Topf, denn die Durchmischung kann auch bei ausdauerndem Betätigen des Kochlöffels nicht völlig perfekt sein! Umso sorgfältiger jedoch umgerührt wird, desto weniger stark wird der Geschmack der einzelnen möglichen Kostproben schwanken.

Auch bei statistischen Stichprobenerhebungen zum Beispiel aus der wahlberechtigten Bevölkerung ist für die Repräsentativität der Stichprobe in Hinblick auf interessierende Merkmale wie zum Beispiel die Parteipräferenz für eine solche „Durchmischung" dieser Gesamtheit vor der Stichprobenziehung zu sorgen. Dies wird hierbei dadurch gewährleistet, dass die einzelnen Befragten wie beispielsweise beim Ziehen von Karten aus einem zuvor gemischten Kartenspiel zufällig ausgewählt werden. Dadurch wird vermieden, dass etwa nur jene Personen in die Stichprobe gelangen, die den Interviewer:innen bekannt sind oder die gerne interviewt werden würden. Diese zufällige Vorgangsweise gewährleistet eine gewisse Ähnlichkeit der Stichprobe mit der Population. Je nachdem, wer in die Stichprobe gelangt, werden daraus die erwünschten statistischen Kennzahlen wie Anteile oder Mittelwerte mehr oder weniger genau geschätzt. Denn wenn das absolut korrekte Gesamtbild erwünscht ist, dann muss einfach voll erhoben, das heißt, die Gesamtheit vollständig befragt werden.

Vermutlich verbinden auch Sie mit dem Begriff der Repräsentativität, wie bei der Speisenverkostung, eine gewisse Verallgemeinerbarkeit der Resultate. Dabei ist die Vorstellung von der genauen Bedeutung des Begriffes zumeist eher vage. Der Hinweis darauf gerät oft zur inhaltsleeren Floskel, die lediglich dazu dient, die Qualität einer Stichprobenuntersuchung (ob gerechtfertigt oder nicht) zu betonen. Um tatsächlich als Qualitätsindikator geeignet zu sein, definiert etwa Quatember (2019) die Repräsentativität von Stichproben dadurch, dass die gewonnenen Ergebnisse über alle möglichen Stichproben betrachtet durchschnittlich den wahren Werten aus einer Vollerhebung entsprechen müssen und dabei nur gering schwanken (siehe die „Info-Box: Repräsentativität").

Ein herausragender Beitrag zur Repräsentativität von Stichproben und damit zur Entwicklung der gesamten Stichprobentheorie gelang Jerzy Neyman (1894–1981). In seinem 1934 im „Journal of the Royal Statistical Society" erschienenen Aufsatz verließ er den bis zu diesem Zeitpunkt üblichen Zugang zur Repräsentativität, der auf sogenannten einfachen Zufallsstichproben mit ihren für alle Populationsmitglieder gleich großen Auswahlwahrscheinlichkeiten basierte. Bei unserer Speisenverkostung würde nach seinem Alternativkonzept die Geschmacksprobenentnahme nicht aus dem großen, sondern aus jedem mehrerer kleiner Töpfe erfolgen, auf die das Chili aufgeteilt wurde. Die Mischung dieser kleinen Teilkostproben sollte dann ein genaueres Geschmacksbild des gesamten Chilis liefern als eine Probe aus dem großen Topf. Ein zweiter wesentlicher Punkt seiner Ausführungen war eine Kritik an sogenannten „nichtzufälligen Auswahlen", die er durch die fehlerhaften Ergebnisse einer solchen Stichprobe aus italienischen Volkszählungsdaten belegte.

Auch bei der von der Zeitschrift „Literary Digest" organisierten Wahlumfrage zu den U.S.-Präsidentschaftswahlen 1936, bei der etwa zehn Millionen Stimmzettel an Personen verschickt wurden, lag Repräsentativität nicht vor (vgl. Bortz & Döring, 2016, S. 295). Die Adressen der Empfänger:innen stammten zum Beispiel aus Telefonverzeichnissen und solchen von Automobilbesitzer:innen. Ferner betrug die Rücklaufquote der Stimmzettel circa 24 %. Der damit erreichte Teil der gesamten

Wähler:innenschaft stimmte mit einer großen Mehrheit von 60 % für den republikanischen Kandidaten Alfred Landon. Der Markt- und Meinungsforscher George H. Gallup (1901–1984) jedoch entwickelte gemeinsam mit Berufskolleg:innen Mitte der 1930er Jahre eine Stichprobenmethode, die ihnen befriedigender schien als eine solche nichtzufällige Auswahl: das Quotenverfahren. Bei diesem suchen sich die Interviewer:innen unter Einhaltung vorgegebener Quoten einzelner Merkmale wie Geschlecht, Alter, Region etc., die ihren Anteilen in der Gesamtheit entsprechen, die zu Befragenden selbst. Gallup befragte damit eine vergleichsweise geringe Zahl von rund 50.000 Personen und prognostizierte im Gegensatz zur Zeitschrift einen Wahlsieg des amtierenden Präsidenten Franklin D. Roosevelt.[1] Roosevelt gewann die Wahl mit einem Stimmenanteil von 62 %. Das Quotenverfahren hatte sich mit diesem sensationellen Erfolg als Stichprobenverfahren bewährt, ohne theoretisch fundiert zu sein. Zwei wesentliche Fehlerquellen trugen die Hauptschuld an der unter dem Titel „Literary Digest Desaster" in die Fachliteratur eingegangenen Fehlprognose:

1. In der zur Verfügung stehenden Auswahlgesamtheit wurden die höheren Einkommensschichten im Vergleich zur Gesamtheit der Wahlberechtigten deutlich überrepräsentiert und
2. Die niedrige Rücklaufquote ging auch auf Kosten der unteren Schichten, die Roosevelts Politik befürworteten.

---

[1] https://www.marktforschung.de/dossiers/themendossiers/repraesentativitaet-und-zufallsstichprobe/dossier/george-gallup-versus-the-literary-digest/; Zugegriffen: 17.12.2021.

Abb. 4.1 Der wiedergewählte Präsident Harry S. Truman mit der Ausgabe der „Chicago Daily Tribune", die fälschlicherweise seine Niederlage verkündet hatte[2]

Erst ähnlich massive Fehlprognosen des Ausgangs der U.S.-Präsidentschaftswahlen 1948, weil sich die Interviewer:innen innerhalb der vorgegebenen Quoten eher Personen aus der Mittel- oder Oberschicht aussuchten, beendeten die allzu unreflektierte Anwendung des nichtzufälligen Quotenverfahrens. Diese Fehlprognosen führten dazu, dass sich zufällige Auswahlverfahren als Goldstandard schließlich durchgesetzt haben. Das Foto des neu gewählten Präsidenten mit der auch auf diese Prognosen basierenden Falschmeldung der „Chicago Daily Tribune" ist Dokument einer der größten Niederlagen der Meinungsforschung (Abb. 4.1).

Als hätte es dieses klassische Anschauungsmaterial für Umfragen aus falschen Gesamtheiten und mit nichtzufälligen Auswahlen niemals gegeben, werden immer

---

[2] https://de.wikipedia.org/wiki/Dewey_Defeats_Truman#/media/Datei:Dewey_Defeats_Truman_(AN-95-187)_resized.jpg; Zugegriffen: 11.02.2022.

wieder solche Schlussfolgerungen präsentiert, welche jeder theoretischen Grundlage entbehren. So konnte man etwa in einem regionalen Postwurfmagazin die „Frage des Monats" beantworten und wurde aufgefordert: „Machen Sie mit! Jede Stimme zählt und spiegelt – auch aufgrund unserer hohen Auflage – die Stimmung im Volk zu aktuellen Themen wider (CITY! magazin.linz.wels.steyr, Nr. 163, S. 7)." Um sich an dieser Umfrage zu beteiligen, musste man also interessiert sein und selbst initiativ werden.

Zum Thema „Verärgern Sie die Verkehrsbehinderungen beim Linz-Marathon?" ergab sich beispielsweise das in Abb. 4.2 zu findende Umfrageresultat. Die Behauptung, dass dies aufgrund der hohen Auflage (von 200.000 Stück) die Stimmung im Volk widerspiegeln würde, ist an mangelnder Sachkundigkeit beim Thema Repräsentativität von Umfragen kaum zu überbieten. Wie soll man denn aus dem sowieso schon eingeschränkten interessierten Leser:innenkreis einer Zeitschrift, der auch noch an einer Teilnahme bei dem Thema (zum Beispiel um den eigenen Ärger los zu werden) interessiert sein musste, auf „das Volk" rückschließen können? Wir sprechen hier schon von schließender Statistik und nicht von Hellseherei!

So findet das Literary Digest Desaster in diesem Unsinn seine bei nur geringem statistischem Sachverstand vermeidbare x-te Wiederholung. Wenn man schließlich aus purer Neugier noch wissen wollte, auf wie viele Antworten sich das Magazin eigentlich berufen konnte, stellt man bei Betrachtung der in Abb. 4.2 angegebenen Prozentzahlen fest, dass sie sich auf eine Gesamtzahl von lediglich 36 Antworten beziehen könnten. Denn 27 „ja"-Antworten entsprächen exakt $27/36 \cdot 100 = 75{,}00$, acht „nein"-Antworten $8/36 \cdot 100 = 22{,}22$ und eine „egal"-Antwort $1/36 \cdot 100 = 2{,}78$ %. Kann natürlich alles auch nur Zufall sein. Was meinen Sie?

Marathon-Sperren verärgern 75 %.

Im April wollten wir von Ihnen wissen, ob Sie die Sperren rund um den Linz-Marathon nerven. Das Ergebnis: 75 Prozent aller Teilnehmer fühlen sich gestört, 22 Prozent eher nicht. 3 Prozent quittierten die Frage mit Gleichgültigkeit.

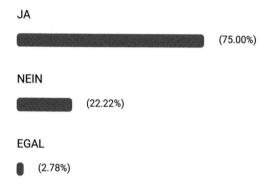

JA

(75.00%)

NEIN

(22.22%)

EGAL

(2.78%)

Abb. 4.2 Ein nichtrepräsentatives Umfrageergebnis, welches die Stimmung im Volk wiedergeben soll[3]

Aber selbst die Betonung der fehlenden Repräsentativität einer Stichprobe schützt auch Forscher:innen nicht davor, dass darauf basierend medial unzulässige Schlussfolgerungen gezogen werden. Ein Beispiel dafür ist eine als „Muslime-Studie" bezeichnete universitäre Stichprobenerhebung in Österreich unter geflüchteten Menschen, Zugewanderten und in Österreich geborenen Muslimen. In Ermangelung eines verfügbaren Auswahlrahmens der betreffenden Studienpopulation wurde zur Rekrutierung der Befragungspersonen nach dem „Schneeballsystem"

---

[3] https://www.city-magazin.at/index.php/umfragen/; Zugegriffen: 21.10.2021.

vorgegangen. Bei dieser nichtzufälligen Auswahlprozedur lassen sich die Interviewer:innen, wenn sie eine Person finden, die zur Studienpopulation gehört, von dieser Person nach dem Interview zu weiteren aus derem Umfeld weiterreichen und so fort. Dies ist bei schwer erreichbaren Populationen, wie etwa auch jenen der Illegalen, Drogenabhängigen oder HIV-Infizierten, für die keine Auswahlgesamtheiten vorhanden sind, oft die einzige Möglichkeit, Informationen über deren Lebensumstände zu erhalten. Die Stichprobe der auf diese Weise Erreichten läuft natürlich Gefahr, verzerrte Ergebnisse für die eigentlich interessierende Gesamtheit zu liefern, da die Interviewer:innen im Netzwerk einzelner Personen bleiben. Den Wert erhält eine solche Untersuchung folglich dadurch, dass man nichtrepräsentative Informationen über völlig unbekannte Einstellungen von Bevölkerungsgruppen erhält. Völlig zurecht „… betonte (der Studienkoordinator der Muslime-Studie), dass es sich um keine repräsentative Studie handle, da Muslime ja nicht in einer Datenbank erfasst würden. Dennoch könne man Tendenzen herauslesen."[4]

So weit, so korrekt. Allerdings wurde trotz der fehlenden Repräsentativität für die Gesamtheit der Muslimen in Österreich medial kräftig darauf los verglichen: „Eine neue Studie zu Muslimen in Österreich sieht große Unterschiede bei den Werthaltungen je nach Herkunft. 37 Prozent der Flüchtlinge aus Somalia gaben an, sie würden für den Glauben sterben. Iraner sind weniger religiös"[5] oder „In Österreich Willkommen? Etwa jeder dritte Flüchtling fühlt sich in Österreich völlig willkommen, weitere 45 Prozent ,eher schon'. Ähnliche Werte ergaben sich bei Bosniern

---

[4] https://religion.orf.at/v3/stories/2859765/; Zugegriffen: 11.02.2022.
[5] https://religion.orf.at/v3/stories/2859765/; Zugegriffen: 11.02.2022.

und Türken. Die Conclusio: ‚Die reine Anwesenheit verbessert beziehungsweise verschlechtert den Eindruck nicht.'"[6] Ob die gefundenen Unterschiede verschiedener Gruppen in dieser Stichprobenerhebung statistisch signifikant, also aus statistischer Sicht überhaupt vorhanden sind (siehe die „Info-Box: Signifikanztests" in Kap. 6), kann auf Basis dieser nichtzufällig zusammengestellten Stichprobe gar nicht festgestellt werden. Die Vermutung liegt doch nahe, dass sich durch das verwendete Auswahlsystem die Einstellungen der Befragten in dieser Studie stark ähnelten. Die angeführten Vergleiche und daraus gezogenen Schlussfolgerungen sind daher möglicherweise medien-, aber jedenfalls nicht statistisch wirksam.

Im Sommer 2018 führte die EU-Kommission als Bestandteil einer „öffentlichen Konsultation" zur bestehenden Sommerzeitregelung eine rechtlich nicht bindende und in den Mitgliedsstaaten offenkundig unterschiedlich stark propagierte Online-Befragung von EU-Bürger:innen durch.[7] Von offizieller Seite wurde dazu betont, dass es sich bei dieser EU-Sommerzeitumfrage keinesfalls um ein Referendum, also um eine Vollerhebung wie bei einer Volksabstimmung handeln würde. Das Erhebungsziel wäre vielmehr, neben Expert:innenmeinungen eben auch solche von gewöhnlichen Bürger:innen in die diesbezügliche Beratung der Kommission einfließen lassen zu können.

An dieser Form von Erhebung konnten nur diejenigen EU-Bürger:innen ihre Meinung kundtun, die

---

[6] https://www.derstandard.at/story/2000062508856/muslime-studie-grosse-unterschiede-bei-wertehaltungen; Zugegriffen: 11.02.2022.
[7] https://ec.europa.eu/info/consultations/2018-summertime-arrangements_de; Zugegriffen: 20.08.2019.

1. von dieser Möglichkeit überhaupt erfuhren,
2. angesichts des verlautbarten (beschränkten) Zwecks an einer Teilnahme interessiert waren (Gegner:innen der gültigen EU-Sommerzeitregelung werden wohl motivierter gewesen sein als Befürworter:innen) und schließlich
3. über einen Internetzugang verfügten.

4,6 Mio. Menschen (darunter alleine drei Millionen darüber scheinbar besonders gut informierte Deutsche) füllten schließlich den online auf Teilnahmewillige wartenden Fragebogen aus. 84 % dieser 4,6 Mio. stimmten für die Abschaffung der bislang gültigen Regelung.

Die Nichtrepräsentativität dieses Umfrageergebnisses für die gesamte EU-Bevölkerung steht aus den drei genannten Gründen völlig außer Zweifel. Dennoch forderten Europaabgeordnete trotz der ursprünglichen Beteuerung, dass es sich keinesfalls um eine Volksabstimmung handeln würde, Konsequenzen, „nachdem eine breite Mehrheit der EU-Bürger dies wünscht".[8] Eine Mehrheit der *EU-Bürger:innen?* Das ist aus *dieser* Umfrage jedenfalls *nicht* abzuleiten. Ein CDU-Europaabgeordneter verlangte: „Ein so eindeutiges Ergebnis dürfen die EU-Institutionen nicht ignorieren".[9] Sie dürfen es nicht? – Sie müssten es im Sinne einer Volksmitbestimmung sogar, weil es nicht repräsentativ ist! Anderswo verstieg man sich gar in die angesichts der beschriebenen Umstände geradezu grotesk anmutende Überschrift: „Europa hat gewählt"![10] „Die Menschen

---

[8] https://kurier.at/politik/ausland/eu-abgeordnete-fordern-nach-umfrage-ende-der-zeitumstellung/400103096; Zugegriffen: 20.08.2019.

[9] https://www.oe24.at/oesterreich/politik/EU-Abgeordnete-fordern-Ende-der-Zeitumstellung/346715022; Zugegriffen: 20.08.2019.

[10] http://www.vienna.at/europa-hat-gewaehlt-das-ergebnis-der-sommerzeit-umfrage-steht-fest/5905823; Zugegriffen: 20.08.2019.

wollen das, wir machen das", meinte schließlich sogar der damalige EU-Kommissionspräsident Juncker.[11]

Der alleinige Blick auf die Daten*quantität* verstellt bei statistischer Sachunkundigkeit und/oder fehlendem Hausverstand offenbar auch über 80 Jahre nach dem Literary Digest Desaster immer noch die Sicht auf die für die Repräsentativität der Erhebungsergebnisse viel wichtigere Frage nach der Daten*qualität*. Dies führt zu jener statistischen Blindheit, die auch in „Big Data"-Analysen bei manchen Anwender:innen diagnostiziert werden muss. (Im Zusammenhang mit der Survey-Statistik versteht man unter dem Begriff „Big Data" große Datensätze, die nicht durch eine eigene, zufällige Befragung zu einem interessierenden Thema erhoben wurden, sondern nichtzufällig nebenbei in einem Prozess angefallen sind. Man denke etwa an Daten von Mobilfunkbetreibern; siehe die „Info-Box: Big Data" in Kap. 6.) Diese liefern in aller Regel wie alle nichtzufällig gezogenen Stichproben ein verzerrtes Bild in Hinblick auf die interessierenden Populationen, außer man interessiert sich zufällig gerade für jene Gesamtheiten, deren Daten gespeichert wurden. Ihre Anwendbarkeit für valide Rückschlüsse zum Beispiel auf ganze Bevölkerungen ist daher zumeist zweifelhaft.

Um es ganz deutlich zu sagen: Eine Stichprobe von nur wenigen hundert nach den dafür vorgesehenen Regeln der Survey-Statistik *zufällig* ausgewählten EU-Bürger:innen hätte bei weitem genauere Ergebnisse in Hinblick auf die Meinung aller geliefert als *diese* 4,6 Mio. sich selbst zur Teilnahme Entscheidenden. Sie liefern lediglich Informationen zum Befragungsthema, die ganz im ursprünglichen Sinne des Erhebungszwecks als einzelne

---

[11] https://kurier.at/politik/ausland/eu-kommissionspraesident-juncker-fuer-abschaffung-der-zeitumstellung/400105103; Zugegriffen: 20.08.2019.

Meinungen gewertet werden können, aber eben nicht als verkleinertes Abbild der Einstellung aller.

Und bevor Sie jetzt nach dieser Argumentation falsch auf die persönliche Meinung der Autoren beim Erhebungsthema rückschließen: Uns beiden kommt das Abstimmungsergebnis sachlich ganz gelegen! Aber es ist dennoch nichtrepräsentativ! Was bleibt, ist die Angst vor der nächsten öffentlichen „Konsultation" von bei irgendeinem Thema besonders motivierten EU-Bürger:innen, die vorab als Nichtreferendum bezeichnet wird und bei der sich hernach herausstellt, dass das Ergebnis von den Entscheidungsträger:innen in einem Akt von „nichtrepräsentativer Demokratie" entgegen ihren ursprünglichen Beteuerungen schließlich doch als bindend betrachtet wird.

Ein Rückschluss von solch nichtzufälligen Stichproben auf Populationen ist nur auf Basis einer Annahme (= eines statistischen Modells) über die Verteilung des interessierenden Merkmals unter den Nichtbefragten zum Beispiel durch eine daraus abgeleitete Anpassung der individuellen Repräsentationsgewichte der Stichprobenpersonen möglich. Ein Beispiel einer solchen Annahme wäre, dass die Nichtteilnehmenden genauso urteilen würden wie die Teilnehmenden. Trifft dieses Modell jedoch nicht zu, dann wird der Rückschluss von der Stichprobe auf die Gesamtheit (möglicherweise sogar stark) verzerrt sein. Eine zufällige Stichprobe jedoch benötigt wegen ihrer Zufälligkeit keine solchen Modellannahmen für repräsentative Rückschlüsse von ihren Ergebnissen auf Populationen, sofern nicht zum Beispiel durch aufgetretenen nichtvernachlässigbaren Antwortausfall (Nonresponse) ebenfalls auf solche Annahmen zurückgegriffen werden muss (vgl. etwa Quatember, 2019, Kap. 3).

Doch auch sorgfältig nach den Regeln der Survey-Statistik gezogene Zufallsstichproben unterliegen ganz natürlichen Stichprobenschwankungen. Durch die Zufälligkeit der Auswahl der Stichprobenelemente lässt sich diese Ungenauigkeit der Stichprobenresultate aber auf Basis der Wahrscheinlichkeitstheorie bestimmen. Es kann somit berechnet werden, wie stark Stichprobenergebnisse bei gegebenen Populationswerten schwanken können (und eigentlich müssen). Im Umkehrschluss kann nach erhobener Stichprobe ein „Konfidenzintervall" angegeben werden, das mit einer vorgegebenen (hohen) Wahrscheinlichkeit das interessierende Populationscharakteristikum (wie zum Beispiel den Stimmenanteil einer Partei) überdeckt. Werden etwa 400 mit einfacher Zufallsauswahl gezogene Personen danach befragt, was sie wählen würden, wenn am kommenden Sonntag Wahlen wären („Sonntagsfrage"), dann lässt sich, wenn der wahre Populationsanteil der Partei ABC beispielsweise bei 33 % läge (unter der Voraussetzung, dass die Befragten kooperieren), berechnen, dass mit 95-%iger Wahrscheinlichkeit der prozentuelle Stichprobenanteil zwischen 28,5 und 37,75 liegen müsste (siehe die „Info-Box: Konfidenzintervalle").

Unter der Stichprobenschwankung wird Folgendes verstanden: Über alle möglichen Stichproben zusammengenommen ist es höchst wahrscheinlich, dass das Stichprobenergebnis in diesem Bereich um die wahren 33 % schwanken wird. Wenn man mehr Personen befragt, dann wird dieses Intervall schmäler. So reicht dieses 95-%-Intervall der möglichen Stichprobenergebnisse beispielsweise bei 800 Befragten nur mehr von 29,75 bis 36,25 % und bei 1200 von 30,33 bis 35,67 %.

So stark schwanken Stichprobenergebnisse eben. Tun sie es aber in geringerem Ausmaß, dann ist auch dies ein Grund, misstrauisch zu werden: Auf der Webseite neuwal.com/wahlumfragen wurden Ergebnisse von Wahlumfragen in Österreich dokumentiert (durchführendes Institut, Auftraggeber, Zeitpunkt, Stichprobenumfang, Konfidenzintervall).

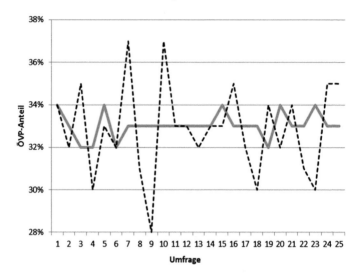

Abb. 4.3 Die erhobenen Anteile für die ÖVP in 25 Wahlumfragen vor der Nationalratswahl 2017[12] (durchgezogene Linie) und die simulierten Anteile bei korrekter Berücksichtigung der Stichprobenschwankung auf Basis der Wahrscheinlichkeitstheorie (strichlierte Linie)

Insgesamt gab es beispielsweise in der heißen Wahlkampfphase der drei Monate vom August 2017 bis zur Nationalratswahl im Oktober desselben Jahres 25 auf dieser Webseite dokumentierte Wahlumfragen. In all diesen schwankte der Anteil der Österreichischen Volkspartei (ÖVP) nur im engen Bereich zwischen 32 und 34 % (siehe Abb. 4.3). Während dieser Umstand in der breiten Öffentlichkeit wohl so wahrgenommen wird, dass sich im diesbezüglichen Meinungsspektrum in der Gesamtbevölkerung in diesem Zeitraum offenbar nichts getan hat, schrillen bei Sachkundigen die Alarmglocken. Denn auch wenn sich in der *Population*

[12] https://neuwal.com/wahlumfragen; Zugegriffen: 20.08.2019.

absolut nichts ändern würde: Die *Stichproben*ergebnisse müssten ja – wie gezeigt – dennoch schwanken!

Unter der Annahme, dass die 25 Stichproben unabhängig voneinander durch die Methode der einfachen Zufallsauswahl gezogen wurden (und es auch keinen Nonresponse und ähnliche Probleme gegeben hat, sonst müssten die Ergebnisse wegen der zusätzlichen Ungenauigkeit ja eher noch stärker streuen), kann bei angenommenen konstanten 33 Bevölkerungsprozenten für die ÖVP die Wahrscheinlichkeit dafür bestimmt werden, dass all ihre 25 Stichprobenanteile im Intervall von 31,5 bis unter 34,5 % (das ergibt auf ganze Zahlen gerundete 32 bis 34 %) liegen würden. Dass dies der Fall wäre, besitzt bei Berücksichtigung der unterschiedlichen Stichprobenumfänge eine Wahrscheinlichkeit von 0,00000411. Diese ergibt sich als gerundetes Produkt der diesbezüglichen Wahrscheinlichkeiten jeder der 25 Umfragen (berechnet mit der Binomialverteilung; siehe die „Info-Box: Konfidenzintervalle"). Das bedeutet, dass dies durch Zufall im Schnitt nur jedes $1/0,00000411 \approx 240.000$-ste Mal bei 25 aufeinanderfolgenden unabhängigen Umfragen passieren würde, was praktisch auszuschließen ist. Ein beliebiger zufälliger Verlauf der Stichprobenergebnisse, der sich an die Gesetzmäßigkeiten der Wahrscheinlichkeitstheorie hält, wäre zum Vergleich etwa jener, der in Abb. 4.3 strichliert eingezeichnet ist.

Kurzum: Die Stichprobenresultate müssten eigentlich viel stärker schwanken. Weshalb gleichen sie sich dann so stark, wenn es äußerst unwahrscheinlich ist, dass sie es *zufällig* tun? Hier eine unvollständige Liste möglicher Erklärungen dafür:

• Die als Fakten ausgegebenen Umfrageergebnisse basieren auf gefakten (oder gar nicht vorhandenen) Daten.

- Die erhebenden Meinungsforschungsinstitute haben eine bislang unbekannte Wunderwaffe zur Hochrechnung bei Wahlumfragen gefunden.
- Eine echte Umfrage wurde zu Beginn der betrachteten Zeitspanne tatsächlich durchgeführt, die späteren Ergebnisse (auch von anderen Instituten), ob niederer oder höher, wurden so an dieses erste Ergebnis angepasst, dass höchstens eine Abweichung von einem Prozentpunkt angegeben wurde.
- Vom ersten Ergebnis deutlicher als um einen Prozentpunkt abweichende Ergebnisse wurden von den Instituten aus Angst, als einzige falsch zu liegen, nicht veröffentlicht.
- Die Institute halten sich ein gemeinsames Panel an Befragten, das immer wieder befragt wird.
- Die Institute halten sich für diese Umfragen verschiedene Panels, deren Ergebnisse bei der Sonntagsfrage auf Basis des Vergleichs von früheren Wahlumfragen mit den darauffolgenden tatsächlichen Wahlresultaten hochgerechnet werden, und diese Schätzungen der einzelnen Institute gleichen sich derart.

Im Zuge des im Herbst 2021 unter anderem gegen den damaligen ÖVP-Bundeskanzler Sebastian Kurz erhobenen Vorwurfs des Umfragenkaufs in Vorbereitung zur Wahl 2017 erschien die Plausibilität vor allem der ersten Erklärungsmöglichkeit für die zu gering schwankenden Umfrageergebnisse in einem neuen Licht.[13] Bei der Wahl am 15. Oktober 2017 erhielt die ÖVP schließlich 31,5 % der abgegebenen gültigen Stimmen und lag damit unter

---

[13] https://www.derstandard.at/story/2000130232863/die-gekaufte-meinung; Zugegriffen: 21.10.2021.

allen 25 auf der angegebenen Homepage veröffentlichten Umfrageergebnissen.

Apropos Repräsentativität in der Survey-Praxis: Wenn man von Umfragequalität spricht, dann ist festzuhalten, dass für die Erhebungen im Bereich der offiziellen Statistik durch die EU-Statistikbehörde „Eurostat", nationale Statistikinstitute, wie „Destatis" in Deutschland, „Statistik Austria" in Österreich und das schweizer „Bundesamt für Statistik", oder auch durch statistische Ämter in Bundesländern und Städten in Hinblick auf den Erhebungszweck allerhöchste Qualitätsmaßstäbe einzuhalten sind. Arbeitsmarktdaten, Armutsgefährdungsquoten oder Bildungskennzahlen liefern die Grundlage für politische Entscheidungen großer Tragweite und müssen deshalb über jeden methodologischen Zweifel erhaben sein. Dieser Bestimmung kommen die betreffenden Institute auf Basis der einschlägigen europäischen und nationalen Statistikgesetze nach, welche diese hohen Qualitätsstandards vorgeben.

Lassen Sie sich davon ausgehend mit uns auf folgendes Gedankenspiel ein, das zur Veranschaulichung durch ein Beispiel aus der österreichischen Innenpolitik inhaltlich unterlegt werden soll: In Österreich wurde bereits 2015 unter der damaligen SPÖ-ÖVP-Regierung im österreichischen Parlament, dem Nationalrat, ein umfassender Schutz von Nichtraucher:innen in der Gastronomie beschlossen. Um der Branche für die Umsetzung angemessene Zeit einzuräumen, sollte das Rauchen in Gaststätten allerdings erst ab dem Frühjahr 2018 nicht mehr erlaubt sein. Nach der Nationalratswahl vom Oktober 2017 beschloss die neu gebildete ÖVP-FPÖ-Regierung in ihrem Regierungsprogramm, diesen Parlamentsbeschluss mit ihrer Parlamentsmehrheit wieder zu kippen. Dagegen formte sich ein außerparlamentarischer

Widerstand, der in ein Einleitungsverfahren für ein Volksbegehren mit dem Titel „Don't smoke" mündete, das von der Ärztekammer Wien und der Österreichischen Krebshilfe initiiert wurde.

Um in Österreich ein Volksbegehren abhalten zu können, mit dem die wahlberechtigte Bevölkerung die Behandlung eines Gesetzesvorschlags im Nationalrat einfordern kann, müssen zuerst einmal von mehr als einem Promille der aktuell gültigen Wohnbevölkerungszahl Unterstützungserklärungen für das Anliegen abgegeben werden. Gelingt das, dann müssen in Summe inklusive der ursprünglichen Unterstützungserklärungen mindestens 100.000 Stimmberechtigte das zwingend durchzuführende Begehren unterschreiben. Bei Überschreitung dieser Grenze muss sich schließlich der Nationalrat mit dem Begehren auseinandersetzen. Eine Verpflichtung zum Umsetzen des Gesetzesentwurfs durch das Parlament besteht nicht.

Immer wieder wurden in der Vergangenheit unter dem Schlagwort der „direkten Demokratie" Stimmen laut, die dafür plädierten, dass beim Überschreiten einer bestimmten Grenze von Unterschriften ein unverbindliches Volksbegehren von Gesetzes wegen in eine verbindliche Volksabstimmung über den Gesetzesentwurf münden sollte. So forderte beispielsweise im Jahr 2011 der damalige FPÖ-Oppositionspolitiker und nachmalige Vizekanzler der angesprochenen ÖVP-FPÖ-Regierung, Heinz-Christian Strache, eine solche verbindliche Abstimmung ab 250.000 Unterschriften.[14] Im Jahr darauf schlug der damalige Integrationsstaatssekretär in der SPÖ-ÖVP-

---

[14] https://www.ots.at/presseaussendung/OTS_20111124_OTS0155/fpoe-strache-direkte-demokratie-nach-schweizer-vorbild-in-verfassung-verankern; Zugegriffen: 20.08.2019.

und spätere Bundeskanzler in der ÖVP-FPÖ-Regierung, Sebastian Kurz, eine solche Überleitungsgrenze bei 10 % der wahlberechtigten Bevölkerung vor. (Zum Zeitpunkt der Eintragungsfrist zum „Don't smoke"-Volksbegehren wäre eine so definierte Grenze bei etwa 640.000 Unterschriften gelegen.) Im von den Vertreter:innen der ÖVP und der FPÖ abgeschlossenen Koalitionsvertrag vom Herbst 2017 einigte man sich darauf, gegen Ende der Legislaturperiode beschließen zu wollen, eine solche Grenze bei 900.000 Unterschriften einzuführen.

Das Volksbegehren erreichte beim Einleitungsverfahren im Frühjahr 2018 fast 600.000 Unterstützungserklärungen, die sich nach der daraus resultierenden Eintragungswoche im Oktober 2018 auf knapp unter 900.000 erhöhte. Daraufhin wurde das Volksbegehren – wie gesetzlich vorgesehen – im Parlament diskutiert. Sein Anliegen wurde zum damaligen Zeitpunkt nicht umgesetzt.

Eine zu Beginn des Jahres 2018, also noch vor Beginn der Einleitungsphase, durchgeführte Umfrage des Marktforschungsunternehmens GfK unter 1000 Befragten ergab einen Anteil von 70 % für die Umsetzung des 2015 vom Nationalrat beschlossenen Nichtraucher:innenschutzgesetzes.[15] Obwohl sich auch die Branche der kommerziellen Markt- und Meinungsforschung, vertreten zum Beispiel durch den „Berufsverband Deutscher Markt und Sozialforscher e.V.", den „Verband der Markt- und Meinungsforschungsinstitute Österreichs" oder den „Verband Schweizer Markt- und Sozialforschung", in selbstkontrollierender Absicht Qualitätsrichtlinien für

---

[15] https://www.nachrichten.at/nachrichten/politik/innenpolitik/Umfrage-70-Prozent-der-OEsterreicher-fuer-rauchfreie-Gastronomie;art385,2789050; Zugegriffen: 20.08.2019.

Veröffentlichungen von Stichprobenresultaten verordnet hat, sind diese Richtlinien natürlich nicht mit den Vorgaben der Institute der offiziellen Statistik vergleichbar. Aber stellen wir uns mal vor, die 70 % Zustimmung wären das Ergebnis einer von einem unabhängigen, nationalen Statistikinstitut auf dem höchsten Qualitätsstandard (Zufallsauswahl, hoher Stichprobenumfang, verpflichtende Teilnahme) durchgeführten Stichprobenerhebung gewesen. Umgerechnet auf circa 6,4 Mio. Wahlberechtigte hätte der Anteil von 70 % eine geschätzte Anzahl von knapp etwa 4,5 Mio. wahlberechtigten Bürger:innen ergeben, die sich für die Beibehaltung des ursprünglich bereits beschlossenen Gesetzes und damit für den wesentlichen Punkt des Volksbegehrens ausgesprochen hätten.

Die durchaus als provokant empfunden werden könnende Frage lautet nun: Ab welchem Prozentsatz in einer – noch einmal sei es betont: unter den höchsten diesbezüglich in der offiziellen Statistik vorgeschriebenen Qualitätsmaßstäben – durchgeführten Stichprobenbefragung müssten verantwortungsvoll mit Steuergeld umgehende Volksvertreter:innen von sich aus die geforderte parlamentarische Diskussion durchführen, ohne dass ein Volksbegehren initiiert und von den zuständigen Behörden abgewickelt werden muss?

Eine im März desselben Jahres während des schon angelaufenen „Don't smoke"-Einleitungsverfahrens durchgeführte Umfrage des Markt- und Meinungsforschungsinstituts „Unique Research" unter 500 Personen ergab einen Anteil von 71 % für eine Volksabstimmung zum Rauchstopp in der Gastronomie.[16] Bei gesicherter, im oben genannten Sinne qualitativ hochwertiger Durchführung der

---

[16] https://diepresse.com/home/innenpolitik/5381707/Rauchverbot_Fast-drei-Viertel-der-Oesterreicher-fuer-Volksabstimmung; Zugriff am 20.08.2019.

Erhebung könnte aus dem Erhebungsresultat geschlossen werden, dass sich zu diesem Zeitpunkt mehr als 4,5 Mio. Wahlberechtigte dafür aussprachen, das Volk zum Thema bindend abstimmen zu lassen. Diese Zahl würde alle bislang vorgeschlagenen Grenzen an Zustimmung zu einem Volksbegehren übersteigen, die für die Ansetzung einer Volksabstimmung nötig wären. Dabei wäre natürlich im Rahmen einer politischen Willensbildung unter Miteinbeziehung von Statistikexpert:innen festzulegen, welche Zustimmungsgrenze überschritten werden müsste. Die Überprüfung der Überschreitung müsste auf Basis der Logik des statistischen Signifikanztestens erfolgen (siehe Kap. 6). Um Rauchen oder Nichtrauchen ginge es bei *dieser* Debatte nicht mehr.

Das Nichtraucher:innenschutzgesetz in der Gastronomie wurde übrigens vom österreichischen Parlament im Juli 2019 doch noch beschlossen und trat im darauffolgenden Herbst in Kraft. Eine EU-weite Sommerzeitregelung ließ hingegen auch 2022 immer noch auf sich warten.

Info-Box: Repräsentativität

Eine mögliche Definition des Begriffes *Repräsentativität* lautet (vgl. Quatember, 2019, S. 4): Eine Stichprobe ist für ein interessierendes Populationsmerkmal (wie zum Beispiel einen Anteil oder einen Mittelwert) repräsentativ, wenn dieses auf Basis der Stichprobendaten (zumindest: annähernd) über alle möglichen Stichproben durchschnittlich korrekt (man nennt dies unverzerrt) geschätzt werden kann und dabei auch eine vorgegebene Genauigkeitsanforderung eingehalten wird.

Mit diesem Qualitätssiegel werden somit nur Stichproben ausgestattet, die mit einem Auswahlverfahren gezogen wurden, welches bei Betrachtung aller damit möglichen Stichproben (annähernd) unverzerrte Schätzungen der interessierenden Populationswerte bei akzeptabler Schwankung liefert. Dies impliziert auch eine dafür geeignete Schätzmethode, die Wahl eines ausreichend großen Stichprobenumfangs und die Vermeidung beziehungsweise adäquate Kompensierung von Fehlern, die nicht der Stichprobenziehung angelastet werden können. Dazu gehören etwa solche, die durch aufgetretene Antwortausfälle (Nonresponse) wegen Nichtantreffen oder Teilnahmeverweigerung der zu Befragenden verursacht werden.

Info-Box: Konfidenzintervalle

Bei der Ziehung einer einfachen Zufallsstichprobe vom Umfang n aus einer großen Gesamtheit lässt sich zum Beispiel bei gegebenem Anteil π einer bestimmten Eigenschaft (wie etwa der Präferenz für eine bestimmte Partei) mit der Binomialverteilung näherungsweise das Intervall bestimmen, in welchem mit einer vorgegebenen Wahrscheinlichkeit $1 - \alpha$ (zumeist gilt: $1 - \alpha = 0{,}95$) der Stichprobenanteil p für diese Eigenschaft liegen müsste. Die Wahrscheinlichkeit $P(x = k)$ dafür, dass eine bestimmte Anzahl $x = k$ der n Stichprobenelemente diese Eigenschaft aufweist, ist gegeben durch

$$P(x = k) = \binom{n}{k} \cdot \pi^k \cdot (1 - \pi)^{n-k}.$$

Zur Bestimmung dieses Intervalls werden zum Beispiel bei $\pi = 0{,}33$, $n = 400$ und $1 - \alpha = 0{,}95$ von $x = 0$, $x = 1$, $x = 2$ beginnend aufwärts die Wahrscheinlichkeiten so lange aufsummiert, bis erstmals $\alpha/2 = 0{,}025$ überschritten wird. Dasselbe geschieht auch von $x = 400$, $x = 399$, $x = 398$ startend abwärts. Diese Überschreitungen passieren bei $x = 114$ und bei $x = 151$. Demnach enthält bei 400 zufällig ausgewählten Personen das Intervall mit der Untergrenze 114 und der Obergrenze 151 mit mindestens 95-%iger Wahrscheinlichkeit der Stichprobenanteil im Intervall von 0,285 bis 0,375 und der Stichprobenprozentsatz von 28,5 bis 37,5 %. Für großes n lässt sich die Binomialverteilung durch die Normalverteilung annähern und die ausgerechneten Grenzen werden angenähert durch

$$\pi + 1{,}96 \cdot \sqrt{\frac{\pi \cdot (1 - \pi)}{n}} = 0{,}33 + 1{,}96 \cdot \sqrt{\frac{0{,}33 \cdot (1 - 0{,}33)}{400}} = 0{,}376$$

beziehungsweise

$$\pi - 1{,}96 \cdot \sqrt{\frac{\pi \cdot (1 - \pi)}{n}} = 0{,}33 - 1{,}96 \cdot \sqrt{\frac{0{,}33 \cdot (1 - 0{,}33)}{400}} = 0{,}284.$$

Man sieht also, was unter „Annäherung" verstanden wird. Dieses Intervall macht nun eine Aussage darüber, in welchem Bereich Stichprobenergebnisse p ausgehend von ihrem Populationswert π mit einer vorgegebenen Wahrscheinlichkeit liegen – wie stark sie also schwanken können.

Die Fragestellung für ein sogenanntes Konfidenzintervall lautet aber: Durch welches Intervall wird mit einer vorgegebenen Wahrscheinlichkeit der (unbekannte) Populationswert π ausgehend von einem Stichprobenergebnis p überdeckt (vgl. Quatember, 2020, Abschn. 3.4.1)? – Wenn das Stichprobenergebnis p mit einer Wahrscheinlichkeit von 0,95 im oben mit der Normalverteilung errechneten Intervall um π liegt, dann wird im Umkehrschluss in durchschnittlich 95 von 100 Fällen der Parameter π von einem Intervall überdeckt werden, für das der Faktor $1{,}96 \cdot \sqrt{\frac{0{,}33 \cdot (1-0{,}33)}{400}}$ nicht von π, sondern von p weg einmal addiert und einmal subtrahiert wird. Nun muss dieser Faktor allerdings noch geschätzt werden, da er den unbekannten Wert π enthält. Ersetzt man π durch seinen Stichprobenschätzwert p, so wird die gewünschte Überdeckungshäufigkeit in ausreichend großen Stichproben immer noch annähernd erreicht werden. Das auf diese Weise entstandene Intervall ist das „näherungsweise Konfidenzintervall zur Überdeckungswahrscheinlichkeit $1 - \alpha = 0{,}95$" für den unbekannten Populationsanteil π. Es besitzt die Untergrenze

$$p - 1{,}96 \cdot \sqrt{\frac{p \cdot (1 - p)}{n}}$$

und die Obergrenze

$$p + 1{,}96 \cdot \sqrt{\frac{p \cdot (1-p)}{n}}.$$

Die Aussage, dass dieses Intervall den unbekannten Populationsanteil π der interessierenden Eigenschaft überdeckt, trifft mit einer Wahrscheinlichkeit von annähernd 95 % zu. Auch dieses statistische Konzept basiert im Übrigen auf Neyman (1937).

Literatur

Bortz, J., & Döring, N. (2016). *Forschungsmethoden und Evaluation* (5. Aufl.). Springer.

Neyman, J. (1934). On the two different aspects of the representative method: The method of stratified sampling and the method of purposive selection. In S. Kotz & N. L. Johnson (Hrsg.), *Breakthroughs in Statistics* (1992), Bd. II, S. 123–150. Springer.

Neyman, J. (1937). Outline of a theory of statistical estimation based on the classical theory of probability. *Philosophical Transactions of the Royal Society A, 236*(767), 333–380.

Quatember, A. (2019). *Datenqualität in Stichprobenerhebungen. Eine verständnisorientierte Einführung in die Survey-Statistik* (3. Aufl.). Springer.

Quatember, A. (2020). *Statistik ohne Angst vor Formeln* (6. Aufl.). Pearson.

5

Wie viel übrig bleibt: Spannende Abweichungen

Die amerikanischen Präsidentenwahlen 2020 waren geschlagen und der damalige siegreiche Herausforderer Joseph Biden, Jr. der 46. Präsident der USA. Der unterlegene Amtsinhaber Donald Trump ließ jedoch auch in der Folge keine Gelegenheit aus, um die Legitimität seiner Abwahl zu bekämpfen und in Zweifel zu ziehen. Das zentrale Argument war dabei, dass es bei der Wahl zu großflächigem, systematischen Wahlbetrug gekommen sei. Dieser Ansicht schlossen sich kein relevantes Gericht und letztendlich auch keine relevanten Parteifreunde mehr an.

Als Österreicher:in verfolgte man diese Diskussion jedenfalls in banger Gespanntheit, ob es frei nach Hebbel wieder mal so wäre als hätte hierzulande die große Welt ihre Probe gehalten. Heute noch kann man auf so manchem T-Shirt den ironischen Slogan „Bundespräsidentenwahl 2016–2019: Ich war dabei!" lesen. Dieser bezieht sich auf die Pannenserie bei der 2016 gleich in drei

© Der/die Autor(en), exklusiv lizenziert an Springer-Verlag
GmbH, DE, ein Teil von Springer Nature 2022
W. G. Müller und A. Quatember, *Fakt oder Fake?*
Wie Ihnen Statistik bei der Unterscheidung helfen kann,
https://doi.org/10.1007/978-3-662-65352-4_5

Wahlgängen durchgeführten Wahl zum österreichischen Bundespräsidenten. Was dort neben Absonderlichkeiten wie „Schlamm-Catchen" im TV oder „Uhu-Gate" besonders hervorstach war, dass in Österreich zum ersten Mal eine bundesweite Wahlwiederholung stattfand. Die am 22. Mai 2016 durchgeführte Stichwahl zwischen den beiden stimmenstärksten Kandidaten des ursprünglichen Wahlgangs, Norbert Hofer (FPÖ) und Alexander van der Bellen (vormals Grüne, später parteifrei), welche Letzterer mit etwa 30.000 Stimmen Vorsprung gewann, wurde vom österreichischen Verfassungsgerichtshof (VfGH) nach Einspruch der FPÖ aufgehoben und damit die besagte Wiederholung der Stichwahl notwendig.

Auch in Österreich gab es vom unterlegenen Wahlwerber schon am Wahlabend der ersten Stichwahl, also noch vor Auszählung der Briefwahlstimmen, das Statement: „Bei den Wahlkarten ist es immer so ein … Es wird immer ein bisserl eigenartig ausgezählt … dass wir vielleicht nicht ganz vorne sind. Aber, ich sage Euch eines: Wir haben auf jeden Fall gewonnen, auf jeden Fall gewonnen."[1] Damit war das Feld für die nachfolgende Wahlanfechtung vor dem VfGH bereitet. Dieser identifizierte letztlich elf Wahlbezirke (Villach-Stadt, Hermagor, Villach-Land, Wolfsberg, Wien-Umgebung, Freistadt, Graz-Umgebung, Leibnitz, Südoststeiermark, Innsbruck-Land, Schwaz), für welche nicht ausgeschlossen werden konnte, dass die darin abgegebenen Briefwahlstimmen manipuliert worden waren. In seinem

---

[1] Transkript vom Gespräch zwischen Norbert Hofer (BP-Kandidat, FPÖ) und Martin Thür in Klartext (ATV) vom 17. Oktober 2016 (https://neuwal.com/transkript/20161017-norbert-hofer-martin-thuer-klartext.php?modus=theaterohne; Zugegriffen: 16.03.2022).

die Wahl aufhebenden Erkenntnis „W I 6/2016-125"[2] argumentierte der VfGH dann allein mit der prinzipiellen Möglichkeit, dass der Wahlausgang dadurch beeinflusst hätte sein können, ohne jedoch die vorliegenden Daten bei der Entscheidungsfindung heranzuziehen.

In der Folge untersuchte der Statistiker Erich Neuwirth von der Universität Wien unter der Annahme eines über die Wahlkreise durchschnittlich konstanten Verhältnisses der Urnen- zu den Briefwahlstimmen eines Kandidaten die vorliegenden Ergebnisse der ersten Stichwahl. Er kam in seiner öffentlich zur Verfügung gestellten Analyse zum Schluss, dass sich in den Daten keine auf Manipulationen hinweisenden Abweichungen feststellen ließen.[3] Die Wahrscheinlichkeit dafür, dass es trotz allem zu einer ergebnisverändernden Manipulation gekommen wäre, beziffern Neuwirth und Schachermayr (2016) mit 1:7,56 Mrd., also etwa einem Tausendstel der Chance auf einen österreichischen Lottosechser.

In einer unabhängigen, etwas anders gelagerten Analyse kam Walter Mebane, Statistikprofessor an der University of Michigan, mit Kollegen zu ähnlichen, in der Washington Post der breiten Öffentlichkeit vorgelegten Schlussfolgerungen.[4] Auch Hartmann (2020) konnte trotz offensichtlich gegenteiliger Bemühungen in den Daten keine statistische Unterstützung der Manipulationsthese finden.

---

[2] https://www.vfgh.gv.at/downloads/VfGH_W_I_6-2016_Bundespraesidentenwahl.pdf; Zugegriffen: 11.02.2022.

[3] www.wahlanalyse.com/WahlkartenDifferenzenVfGh.html; Zugegriffen: 30.03.2021.

[4] https://www.washingtonpost.com/news/monkey-cage/wp/2016/07/01/we-checked-austrias-extremely-close-may-2016-election-for-fraud-heres-what-we-found/; Zugegriffen: 30.03.2021.

Basis all dieser Untersuchungen war das Verhalten der sogenannten Residuen, so nennt man die Abweichungen der Daten von einem zugrunde gelegten statistischen Modell (siehe die „Info-Box: Regressionsgeraden" in Kap. 2). Das Muster dieser Residuen lässt dann Rückschlüsse auf mögliche Wahlfälschungen zu. Eine besondere Rolle bei der Entwicklung der statistischen Residualanalyse hatten Frank Anscombe (1918–2001) und John Tukey (1915–2000), welche übrigens Schwippschwager waren (siehe etwa den bahnbrechenden Artikel von Anscombe und Tukey (1963) in Technometrics). Viele der darin vorgestellten Konzepte werden wir in diesem Kapitel benützen (siehe die „Info-Box: Lineare Einfachregression, extern studentisierte Residuen, Cook-Distanzen").

Als Basis für die Untersuchungen bei vorliegender Wahl bietet sich ein genauerer Blick auf die Briefwahlstimmen an, da ja nur *deren* Legitimität in Zweifel gezogen wurden. Es war aus früheren Wahlen schon bekannt, dass FPÖ-Wähler:innen tendenziell das Instrument der Briefwahl in geringerem Ausmaß nutzen als zum Beispiel Grün-Wählende. Der Anteil der Briefwahlstimmen an all seinen Stimmen war also bei Van der Bellen höher zu erwarten als bei Hofer. Zudem konnte man davon ausgehen, dass dieses Muster sich in allen Wahlbezirken in ähnlichem Ausmaß zeigen würde. Eine auffällige Abweichung davon in einem einzelnen Bezirk könnte also als Indiz für eine Manipulation gelten. Neuwirths Diagramme zeigten, dass das in keinem davon der Fall war, insbesondere auch nicht in den beanstandeten elf Bezirken.

In der Folge wollen wir nun Neuwirths Analyse in etwas formalerer Form nachvollziehen und die Rolle der Residuen dabei hervorstreichen. Außerdem werden wir zur besseren Übersicht, dort wo es hilfreich ist, die analogen Resultate der Wahlwiederholung vom 4. Dezember 2016 gegenüberstellen.

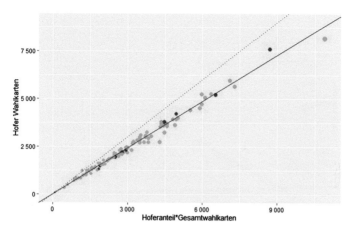

Abb. 5.1 Bezirkswahlergebnisse des angefochtenen Wahlgangs

Betrachten wir also zunächst in zu Neuwirths Vorgangsweise gleichwertiger Form in Abb. 5.1 ein Streudiagramm.
In dieses tragen wir auf der *y*-Achse die Zahl der für Hofer
in jedem Wahlbezirk *tatsächlich* abgegebenen Wahlkartenstimmen auf und auf der *x*-Achse den Urnenstimmen-
anteil für Hofer im jeweiligen Bezirk multipliziert mit der
dort gesamt benutzten Zahl von Wahlkarten, also die bei
gleichem Stimmenanteil wie bei der Urnenwahl *erwarteten*
Wahlkartenstimmen für Hofer.

Die gepunktete Gerade gibt die erwartete Wahl-
kartenzahl an, wenn Hofer bei den Wahlkarten gleich
gut abgeschnitten hätte wie bei den Urnenstimmen.
Das Verhältnis der tatsächlichen und dieser erwarteten
Wahlkartenstimmen wird durch den Verlauf der durch-
gezogenen Linie dargestellt. Dies ist eine sogenannte
(gewichtete) Kleinst-Quadrate-Regressionsgerade (siehe die
„Info-Box: Lineare Einfachregression, extern studentisierte
Residuen, Cook-Distanzen") durch den Ursprung und ihre
Steigung weist darauf hin, dass Hofer bei den Wahlkartenstimmen etwa 20 % hinter seinem Anteil bei den Urnen-

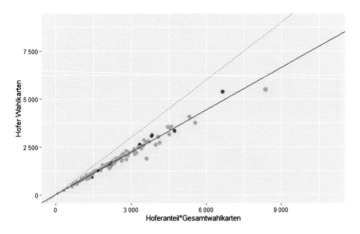

Abb. 5.2 Bezirkswahlergebnisse des Wiederholungswahlgangs

stimmen zurückblieb. Ein sehr ähnliches Bild ergibt sich übrigens für den Wiederholungswahlgang in Abb. 5.2. Man bemerke allerdings die durchwegs geringeren Fallzahlen.

In beiden Grafiken sind die elf beanstandeten Bezirke wie im Rest dieses Kapitels durch die rote Färbung hervorgehoben. Die Größe der Punkte entspricht übrigens der jeweiligen Gesamtzahl der Stimmen, welche für die Gewichtung relevant ist. Die Gerade scheint jedenfalls in beiden Fällen eine gute Annäherung zu bieten und auffällige Abweichungen sind zumindest auf den ersten Blick nicht zu erkennen. Ein besseres Bild ergibt sich allerdings aus der Betrachtung der Residuen, also der vertikalen Abstände der Beobachtungspunkte von der Regressionsgerade. Man plottet diese typischerweise gegen die Werte auf der Geraden, die sogenannten „Fits" (bei der Einfachregression ist das grafisch äquivalent zum Plot gegen die Einflussgröße). Diese Diagramme, welche in den Abb. 5.3 und 5.4 wiedergegeben sind, nennt man Tukey-Anscombe-Plots.

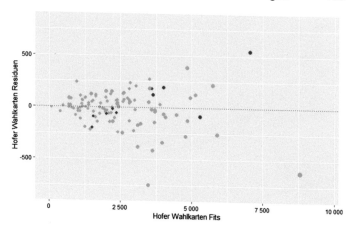

Abb. 5.3 Tukey-Anscombe-Plot des angefochtenen Wahlgangs

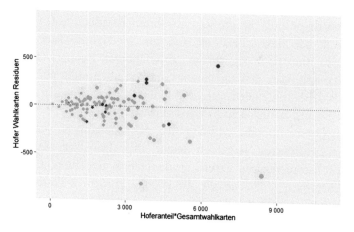

Abb. 5.4 Tukey-Anscombe-Plot des Wiederholungswahlgangs

Auffällig sind hierbei eigentlich nur zwei Bezirke (Innsbruck-Stadt, Graz-Stadt) mit für Hofer unerwartet geringen Werten und einer (das beanstandete Graz-Umgebung) mit einem unerwartet hohen Wert. Die gleichen drei Bezirke weisen übrigens auch bei der Wahl-

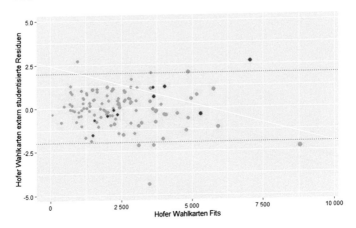

Abb. 5.5 Tukey-Anscombe-Plot mit extern studentisierten Residuen

wiederholung die größten absoluten Residuen auf. Ob es sich bei diesen Bezirken nun um sogenannte Ausreißer, also statistisch signifikant abweichende Beobachtungen handelt, lässt sich aus diesen Grafiken noch nicht ableiten, da die potenziell unterschiedliche Streuung in den Bezirken berücksichtigt werden muss.

Dieser Aufgabe widmen sich die sogenannten (extern) studentisierten Residuen (siehe die „Info-Box: Lineare Einfachregression, extern studentisierte Residuen, Cook-Distanzen"), welche alle die gleiche Student t-Verteilung aufweisen, auf der Abszisse nun also vergleichbar sind. Es lässt sich demzufolge auch das 95 %-Konfidenzband dafür angeben (siehe Abb. 5.5).

Außerhalb dieser Konfidenzgrenzen liegen also 7 der 117 Bezirksergebnisse (zu erwarten wären gerundet 6), einer davon aus einem beanstandeten Bezirk (Graz-Umgebung), dieser aber paradoxerweise wegen zu *hoher* Wahlkartenanteile Hofers.

Bei eventuell vorliegenden Manipulationen hätten sich die Residuen in den beanstandeten Bezirken in statistisch signifikanter Weise, das heißt über die natürlichen zufälligen Schwankungen hinaus, von denen in den restlichen 106 unterscheiden müssen. Dies war offensichtlich nicht im Geringsten der Fall. Die Wahrscheinlichkeit dafür, dass es trotz allem zu einer ergebnisverändernden Manipulation gekommen wäre, beziffern Neuwirth und Schachermayr (2016) – wie schon erwähnt – mit etwa einem Tausendstel der Chance auf einen Lottosechser.

Doch die Residuen taugen nicht nur wie hier zur Identifikation von Ausreißern, sondern insgesamt zur Prüfung von Modellannahmen, etwa der Unkorreliertheit der Störgrößen bei Zeitreihen, oder dem Vorliegen bestimmter Verteilungen der Störgrößen. Eine ausführliche Darstellung findet man in der mittlerweile klassischen Monographie von Cook und Weisberg (1982). In der Regressionsdiagnostik spielt noch ein weiteres auf den Residuen basierendes Konzept eine wichtige Rolle: die nach dem Erstautor des erwähnten Buches benannten Cook-Distanzen (siehe die „Info-Box: Lineare Einfachregression, extern studentisierte Residuen, Cook-Distanzen"). Diese beschreiben, ob spezifische Datenpunkte entscheidenden Einfluss auf den Verlauf der Regressionsgerade haben. Als üblicher Schwellwert wird hier der Wert 1 angesehen, welcher in unserem Fall (siehe Abb. 5.6) auch für keinen Bezirk überschritten wird.

Eine besondere Rolle bei der statistischen Untersuchung von Wahlen nimmt der sogenannte Wahlfingerabdruck ein, welcher in den einzelnen Wahlbezirken die Wahlbeteiligung mit der Zustimmung zum Wahlsieger vergleicht. Dies erlaubt die Identifizierung besonderer Interventionen, welche sich im Streudiagramm als untypische Punkthäufungen manifestieren würden. Klimek et al. (2012) weisen mit einer darauf aufbauenden modellbasierten Analyse zum Beispiel für Russland Wahlmanipulationen nach. Auch beim Referendum 2020 kam es dort (siehe Kobak

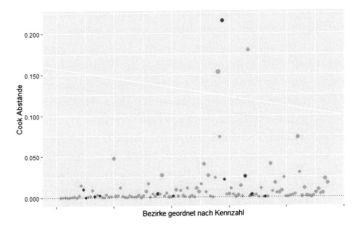

Abb. 5.6 Cook-Distanzen im angefochtenen Wahlgang

et al., 2020) zu auffälligen Häufungen von Daten genau bei den Marken 75, 80, 85, 90 und 95 % auf beiden Achsen. Dies weist darauf hin, dass gefakte gerundete Werte als Abstimmungsergebnisse ausgegeben worden sein könnten.

Auch das berüchtigte „Ballot-Stuffing" sollte sich in diesem Fingerabdruck gut erkennen lassen. Hier geht man davon aus, dass ungewöhnlich hohe Wahlbeteiligungen in einzelnen Wahlkreisen dadurch zustande kommen, dass Wahlzettel nachträglich den Urnen hinzugefügt werden. Sichtbar würde das durch eine Korrelation (d. h. Schräglage der Punktwolke) im Fingerabdruck. Nichts von all dem findet sich im Wahlfingerabdruck des aufgehobenen Wahlgangs in Österreich (Abb. 5.7), was auch Hartmann (2020) konstatieren muss.

Ähnliche Regressionsanalysen lassen sich zum Aufspüren der „Differential Invalidation", also dem Ungültigmachen von im Prinzip gültigen Stimmen zum Zweck der Wahlverfälschung einsetzen. Hierbei verwendet man wieder den Anteil der Stimmen für den Wahlsieger und setzt diese zum Anteil der für ungültig erklärten

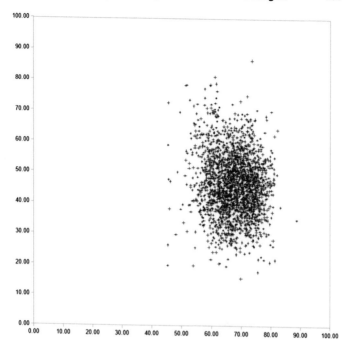

Abb. 5.7 Wahlfingerabdruck (x-Achse: Wahlbeteiligung, y-Achse: Anteil Van der Bellen)

Stimmen in allen Sprengeln oder Bezirken in Beziehung. In Forsberg (2021) findet sich eine ausführliche Darstellung mit Rechenbeispielen. Auch räumliche Regression auf geografische Muster oder einige in anderen Kapiteln behandelte Verfahren, wie zum Beispiel die Newcomb-Benford-Verteilung (siehe Kap. 7), werden dort behandelt.

Warum aber wurden nun all diese statistischen Argumente vom österreichischen Verfassungsgerichtshof bei seiner Entscheidung nicht berücksichtigt, ja womöglich gar nicht erst in Erwägung gezogen? Darüber kann nur gemutmaßt werden, denn Indizien mit Wahrscheinlichkeitsangaben werden ja in anderen gerichtlichen Verfahren durchaus benutzt. Man denke nur an DNA-Vergleiche.

Zu vermuten ist, dass in der Höchstrichter:innenschaft, wie in der Bevölkerung im Allgemeinen, die statistische Denkweise leider kaum vorhanden ist.

Selten kommt es daher aufgrund von solchen Analysen zu tatsächlichen Konsequenzen. Ein einzelnes Beispiel jüngeren Datums ist Bolivien. Dort ist am 11. November 2019 der Präsident Evo Morales nach anhaltenden Massenprotesten auf Druck des Militärs zurückgetreten. Einer der Gründe für die Proteste waren Vorwürfe über Betrügereien bei den im Oktober abgehaltenen Wahlen, bei denen Morales den erforderlichen Abstand von 10 Prozentpunkten zum Gegenkandidaten knapp erreichte. Die Organisation Amerikanischer Staaten hatte daraufhin eine Untersuchung eingeleitet, die auf Basis der Wahlergebnisse und der zugehörigen Zeitstempel zum (mittlerweile wieder etwas umstrittenen) Schluss kam, dass das bekannt gegebene Ergebnis statistisch unwahrscheinlich sei, und empfahl deshalb eine Neuwahl.

In Österreich fand wie erwähnt nach einer nochmaligen Verschiebung am 4. Dezember 2016 der endgültige Wahlgang statt, den Van der Bellen mit nunmehr fast 350.000 Stimmen Vorsprung gewinnen konnte. Die Bundespräsidentenwahl 2016 war damit doch schon im selben Jahr abgeschlossen. Womöglich aber hat uns das Wahlvolk vor einem Skandal bewahrt, der uns über das auf den T-Shirts gedruckte Jahr 2019 hinaus noch beschäftigt hätte.

Info-Box: Lineare Einfachregression, extern studentisierte Residuen, Cook-Distanzen

Bei der einfachen linearen Regression besteht das Ziel darin, eine Gerade an eine Punktwolke (x_i, y_i) möglichst gut anzupassen (wie zum Beispiel in Abb. 5.1). Üblicherweise wird dafür das Kleinst-Quadrate-Kriterium herangezogen, welches darin besteht, die Summe der quadrierten vertikalen Abstände (also jene auf der y-Achse) zu minimieren. Man sucht also jenes Interzept (Achsenabschnitt) α und jene Steigung β, für welche das Folgende gilt:

$$\min_{\alpha, \beta} \sum_{i=1}^{n} \left(\alpha + \beta \cdot x_i - y_i \right)^2 \rightarrow \hat{\alpha}, \hat{\beta}$$

Diese Koeffizienten $\hat{\alpha}$ und $\hat{\beta}$ nennt man „Kleinst-Quadrate-Schätzer" beziehungsweise die dadurch definierte Gerade „Kleinst-Quadrate-Regressionsgerade". Die dabei entstandenen Abstände sind dann die Residuen

$$e_i = \hat{\alpha} + \hat{\beta} \cdot x_i \rightarrow y_i,$$

welche einen Mittelwert von 0 aufweisen. Die in diesem Kapitel angefertigten Tukey-Anscombe-Plots entsprechen dann der Punktwolke (e_i, $\hat{y}_i$), welche bei der Einfachregression (bis auf die unterschiedliche Skalierung) zur Punktwolke (e_i, x_i) äquivalent ist.

Man kann nun unter Auslassung der jeweilig zugehörigen i-ten Beobachtung (um deren Einfluss auf das jeweilige Residuum zu eliminieren) die Kleinst-Quadrate-Gerade jeweils neu schätzen. Die daraus resultierenden (sozusagen externen) Residuen werden mit $e_{i(i)}$ bezeichnet und deren Varianz kann durch

$$\hat{\sigma}_{(i)} = \frac{1}{n-3} \sum_{j=1}^{n} e_{i(i)}^2$$

geschätzt werden. Die in unserem Kapitel benutzten extern studentisierten Residuen ergeben sich dann zu

$$D_i = \frac{e_i^2}{\frac{2}{n-2} \sum_{i=1}^{n} e_i^2} \left[\frac{\frac{1}{n} + \frac{(x_i - \bar{x})^2}{\sum_{j=1}^{n} (x_j - \bar{x})^2}}{\left(1 - \frac{1}{n} - \frac{(x_i - \bar{x})^2}{\sum_{j=1}^{n} (x_j - \bar{x})^2} \right)^2} \right],$$

welche einer Student-t-Verteilung mit $n - 3$ Freiheitsgraden folgen. Die ebenfalls angegebenen Cook-Distanzen ergeben sich nur etwas einfacher aus

$$D_i = \frac{e_i^2}{\frac{2}{n-2}\sum_{i=1}^{n} e_i^2} \left[\frac{\frac{1}{n} + \frac{(x_i-\bar{x})^2}{\sum_{j=1}^{n}(x_j-\bar{x})^2}}{\left(1 - \frac{1}{n} - \frac{(x_i-\bar{x})^2}{\sum_{j=1}^{n}(x_j-\bar{x})^2}\right)^2} \right]$$

Literatur

Anscombe, F. J., & Tukey, J. W. (1963). The examination and analysis of residuals. *Technometrics, 5*(2), 141–160. https://doi.org/10.1080/00401706.1963.10490071.

Cook, R. D., & Weisberg, S. (1982). *Residuals and influence in regression.* Chapman & Hall. https://conservancy.umn.edu/handle/11299/37076. Zugegriffen: 11. Febr. 2022.

Forsberg, O. J. (2021). *Understanding elections through statistics. Polling, prediction, and testing.* Chapman & Hall/CRC Press.

Hartmann, W. (2020). *Statistische Ausreisseranalyse von Bundestags-Wahlergebnissen in Deutschland von 2005 bis 2017 und Wahlergebnissen in Österreich von 2008 Bis 2019.* Gerhard Hess.

Klimek, P., Yegorov, Y., Hanel, R., & Thurner, S. (2012). Statistical detection of election irregularities. *Proceedings of the National Academy of Sciences, 109*(41), 16469–16473. https://doi.org/10.1073/pnas.1210722109.

Kobak, D., Shpilkin, S., & Pshenichnikov, M. S. (2020). Suspect peaks in Russia's "referendum" results. *Significance, 17*(5), 8–9. https://doi.org/10.1111/1740-9713.01438.

Neuwirth, E., & Schachermayer, W. (2016). Some statistics concerning the Austrian Presidential Election 2016. *Austrian Journal of Statistics, 45*(3), 95–102. https://doi.org/10.17713/ajs.v45i3.596.

6

Wodurch man lernt: Vorbildliche Versuche

„PISA – Wir sind endlich besser. Im Lesen liegen wir aber immer noch deutlich hinter anderen Ländern zurück"[1] „Hoffnung für Parkinson-Patienten – Ein Prostata-Medikament zeigt Wirkung … Man brauche nun randomisierte Placebo-kontrollierte Studien, um zu beweisen, dass der Wirkstoff tatsächlich krankheitsmodifizierend ist, so die Wissenschaftler"[2] „Ärzte melden Revolution: Neuer Bluttest soll Brustkrebs zuverlässig diagnostizieren"[3] Diesen drei Meldungen ist gemeinsam,

---

[1] https://www.oe24.at/oesterreich/politik/PISA-Studie-Oesterreich-holt-auf-Die-Ergebnisse-im-Detail/123689719; Zugegriffen: 07.10.2020.

[2] https://www.bild.de/ratgeber/2019/ratgeber/hoffnung-fuer-parkinson-patienten-prostata-medikament-zeigt-wirkung-64752452.bild.html; Zugegriffen: 07.10.2020.

[3] https://www.focus.de/gesundheit/news/medizinischer-durchbruch-revolution-in-der-brustkrebsvorsorge-neuer-bluttest-soll-zuverlaessige-vorhersage-liefern_id_10353621.html; Zugegriffen: 11.02.2022.

© Der/die Autor(en), exklusiv lizenziert an Springer-Verlag GmbH, DE, ein Teil von Springer Nature 2022
W. G. Müller und A. Quatember, *Fakt oder Fake?*
Wie Ihnen Statistik bei der Unterscheidung helfen kann,
https://doi.org/10.1007/978-3-662-65352-4_6

dass die Behauptungen zum Zeitpunkt ihrer schlagzeilenträchtigen Veröffentlichung wissenschaftlich noch gar nicht genügend belegt waren. In der empirischen Forschung wie etwa der Sozialforschung, der Psychologie oder der Medizin bedient man sich bei der Aufgabenstellung der Überprüfung von solchen Behauptungen häufig des Instruments des statistischen Signifikanztests. Denn „… so ist Wissenschaft eben: Es reicht nicht, wenn man irgendwas denkt, man muss versuchen nachzuprüfen, ob es auch stimmt. Wenn nicht, könnte ja alle Welt sonst was denken und behaupten, und wenn es Leute behaupteten, die gerade in Mode waren, würde man ihnen glauben" (Lelord, 2004, S. 153).

Der Ausgangspunkt unserer Betrachtungen ist ein Sommernachmittag in den späten 1920er Jahren. An diesem bot der Statistiker Ronald Aylmer Fisher (1890–1962) zur traditionellen „Tea Time" an der nördlich von London gelegenen Agrarforschungsstation in Rothamsted einer Kollegin, der Algenforscherin Muriel Bristol, eine Tasse Tee mit Milch an, wobei er *zuerst* die Milch in die Tasse goss und dann den Tee hinzufügte. Bristol lehnte diese Tasse mit dem Hinweis ab, dass sie den Tee mit Milch nur trinken würde, wenn zuerst der Tee und dann die Milch in die Tasse geleert würden. Fisher wiederum war überzeugt, dass die Tee-Milch-Reihenfolge bei der Zubereitung für den Geschmack keine Rolle spielt (vgl. Kean, 2019). Durch diese Teepause ist Bristol als „The Lady Tasting Tea" in die Wissenschaftsgeschichte eingegangen, denn Fisher entschloss sich, ihre Behauptung, dass sie es erkennen würde, ob der Tee oder die Milch zuerst in die Tasse gegossen wurde, durch ein Experiment zu überprüfen.[4] Dieser Versuch, welchen Fisher

---

[4] https://web.ma.utexas.edu/users/mcudina/m358k-lady-tasting-tea-original.pdf; Zugegriffen: 11.02.2022.

später im zweiten Kapitel seines berühmten, 1935 erstmals erschienen Buches „The Design of Experiments" beschreibt, gilt als der Geburtsmoment der statistischen Versuchsplanung und quasi als Inspiration für die Standardvorgangsweise bei der Überprüfung von Hypothesen in allen experimentellen Wissenschaften (vgl. dazu hier und im Folgenden: Fisher, 1971 [1935], Kap. II).

Woraus bestand nun Fishers bahnbrechendes Experiment? – Er ließ vier Tassen zuerst mit Tee füllen bevor er Milch zuführte (T) und vier andere zuerst mit Milch bevor er Tee zuführte (M). Diese acht Tassen präsentierte er Frau Bristol in einer zufälligen, von der Teezubereitungsform unabhängigen Reihenfolge, also etwa wie in Abb.6.1.

Er achtete darauf, dass sich die Tees nur durch das unterschiedliche Aufgießen (T oder M) und nicht etwa auch durch Temperatur, Teesorten, Teetassen oder das Durchmischen unterscheiden. Wenn Muriel Bristol in der Lage wäre, alle acht Tassen korrekt zuzuordnen, würde er ihr die behauptete Fähigkeit zugestehen. Was auf den ersten Blick wie ein unspektakulärer Vorschlag aussieht, bereitete die Grundlage für in der Statistik nunmehr unbestrittenen Versuchsprinzipien wie Randomisierung, Replikation sowie Balance und führte quasi nebenher auch das exakte statistische Testen ein.

In diesem brillanten Buchkapitel zu den Grundlagen der Versuchsplanung erklärt Fisher einleuchtend und ohne Verwendung von Formeln, welche Implikationen seine Versuchsanordnung aufweist: Die Behauptung der Testperson, die Tees nach ihrer Zubereitungsform unterscheiden zu können, benötigt zur Überprüfung ihres Wahrheitsgehalts einen Gegenpol. Das ist die Unterstellung (gr.: *hypóthesis*) des reinen Ratens. Dies wird im Kontext des statistischen Signifikanztests zur sogenannten Nullhypothese des Tests, gegen deren Gültigkeit durch

T   M   M   T   T   T   M   M

Abb. 6.1 Der Versuchsaufbau bei Fishers Tee-Experiment

das Experiment Indizien gesucht werden. Nur wenn die darin gefundenen Indizien gegen die Nullhypothese groß genug sind, ist man bereit, die zu prüfende Forschungshypothese (das war Frau Bristols Behauptung ihrer Teekennerinnenschaft), die „Eins- oder Alternativhypothese" des Tests, vorderhand zu akzeptieren (siehe die „Info-Box: Signifikanztests").

Betrachten wir dazu die möglichen zufälligen Anordnungen der acht Tassen. Eine wäre zum Beispiel TTTTMMMM, eine andere TTTMTMMM, eine dritte TMMTTTMM wie in Abb. 6.1 und so weiter und so fort. Insgesamt können die vier T's an den acht möglichen Plätzen der Anordnung auf mit dem Binomialkoeffizienten errechenbaren $\binom{8}{4} = 70$ verschiedene Weisen angeordnet werden. Die vier M's befinden sich automatisch an den jeweils nicht durch ein T besetzten Stellen. Da wegen der völlig zufälligen Reihung der T- und M-Tassen im Experiment jede der 70 möglichen diesbezüglichen Anordnungen gleich wahrscheinlich ist, lässt sich die Wahrscheinlichkeit dafür, die korrekte Reihenfolge durch bloßes Raten herauszufinden, mit der sogenannten „Abzählregel" berechnen. Diese besagt, dass sich die Wahrscheinlichkeit bestimmter Ereignisse in solchen Fällen dadurch bestimmen lässt, dass man die Anzahl der für das betrachtete Ereignis *günstigen* Fälle durch die Anzahl der insgesamt *möglichen* Fälle dividiert. Die Wahrscheinlichkeit dafür, alle acht Tassen richtig zu erraten, beträgt somit, weil es eine korrekte und 70 mögliche Anordnungen gibt, $1/70 \approx 0,014$ oder $1,4\,\%$. Demnach würde ein solcher zufälliger „Volltreffer" bei 100 Versuchen mit acht Tassen durchschnittlich in nur 1,4 Versuchen passieren. Das schien Fisher unwahrscheinlich genug zu sein, um Doktorin Bristol in diesem Fall das von ihr behauptete Unterscheidungsvermögen zugestehen zu wollen.

Warum acht Tassen? – Bei Verwendung von nur zwei Tassen zu je einer Zubereitungsform gäbe es nur zwei mögliche Reihenfolgen: TM und MT. Wenn eine Versuchsperson die Fähigkeit des Unterscheidens der Zubereitungsarten nicht besitzen würde, würde sie die korrekte Reihenfolge mit einer Wahrscheinlichkeit von $1/2 = 0,5$ dennoch erraten können. Demnach gelänge ihr das durchschnittlich immerhin jedes zweite Mal. Bei einem solchen Ausgang des Experiments wäre man wohl nicht so recht überzeugt davon, dass die Fähigkeit tatsächlich vorliegt. Selbst die von ihrer Fähigkeit überzeugte Versuchsperson hätte ein Interesse daran, dass ein solcher Erfolg nur mit geringer Wahrscheinlichkeit beim Raten erzielt werden könnte. Bei vier Tassen gibt es insgesamt $\binom{4}{2} = 6$ Möglichkeiten für die Anordnungen der je zwei T- beziehungsweise M-Tassen (TTMM, TMTM, TMMT, MTTM, MTMT, MMTT) und die Wahrscheinlichkeit dafür, die je zwei Tassen T und M durch Raten korrekt zuzuordnen, wäre $1/6 \approx 0,167$. Bei sechs Tassen wäre sie nur mehr $1/20 = 0,05$, bei acht – wie schon beschrieben – ca. 0,014, bei zehn $1/252 \approx 0,0040$ und bei zwölf nur mehr $1/924 \approx 0,0011$. Dies würde nur mehr in durchschnittlich knapp mehr als einem von 1000 Versuchen passieren. Damit ließe sich jede:r vermeintliche Bier-,

Wein-, Tee- oder „was auch immer"-Kenner:in auf Herz und Nieren überprüfen.

Keine noch so große Versuchsanordnung kann aber selbstverständlich vollkommen ausschließen, dass die Versuchsperson doch nur rein zufällig alle Tees richtig getippt hat. Denn dafür müsste die Wahrscheinlichkeit dieses Ereignisses beim Raten null betragen. Fisher schien im Fall von Frau Bristol die Wahrscheinlichkeit von 1,4 % aber ausreichend gering zu sein, um ihr bei einem solchen Resultat des Experiments die behauptete Fähigkeit bis auf weiteres zuzugestehen. Ein solches Resultat, das nur mit geringer Wahrscheinlichkeit beim Raten erzielt würde, wird deswegen als statistisch „signifikant", also ein statistisches Zeichen setzend (lat.: *signum facere = ein Zeichen machen*), bezeichnet. Es liefert in diesem Sinne ein starkes Indiz gegen die Hypothese des Ratens.

Da sich im Falle des Tee-Experiments das Vorhandensein der Unterscheidungsfähigkeit der Versuchsperson aber auch dadurch charakterisieren ließe, dass die Anzahl der Treffer im Experiment signifikant höher als durch reines Raten ist, müssen einzelne Falschzuordnungen von Teetassen nicht automatisch gegen das Kenner:innentum sprechen. Auch bei einer Überprüfung zum Beispiel der Hypothese, dass ein neuer Bluttest auf Brustkrebs mehr Treffer als ein schon am Markt befindlicher liefert, muss der neue natürlich nicht bei jeder einzelnen Probandin ihren wahren Status korrekt anzeigen. Die Wahrscheinlichkeit, bei Gültigkeit der Nullhypothese das aufgetretene oder ein noch mehr gegen diese Hypothese sprechendes Testergebnis zu erhalten, das ist der „p-Wert" des Tests, soll für eine Entscheidung für die Forschungshypothese lediglich eine von den Experimentator:innen vorab festzulegende, kleine Höchstwahrscheinlichkeit α nicht überschreiten. Diese Höchstwahrscheinlichkeit α wird als das „Signifikanzniveau" des Tests bezeichnet.

Die Festlegung der Höhe des Signifikanzniveaus α machte eine geschichtliche Entwicklung durch, die mit dem englischen Mathematiker Karl Pearson (siehe Kap. 2) ihren Anfang nahm. Dieser beschäftigte sich am Ende des 19. Jahrhunderts mit der Theorie zur Überprüfung der Anpassung einer beobachteten an eine theoretische Verteilung durch den Chiquadrat-Anpassungstest. Pearson interpretierte einen p-Wert von 0,28 als Hinweis für eine „ziemlich gute Übereinstimmung" und einen solchen von 0,1 noch als „nicht sehr unwahrscheinlich", während er einen p-Wert von 0,01 als ein – hinsichtlich des Zutreffens der vermuteten Verteilungsform – „sehr unwahrscheinliches Resultat" bezeichnete (vgl. hier und im Folgenden: Cowles & Davis, 1982, S. 556). Ein paar Jahre später gab William S. Gosset (1876–1937) für den von ihm entwickelten t-Test von Mittelwerten in Hinblick auf die Bestimmung des Signifikanzniveaus an, dass der dreifache „wahrscheinliche Fehler" einer Normalverteilung als signifikante Abweichung gelten sollte. Dieser Term bezeichnet die halbe Interquartilsdistanz, also den Abstand zwischen ihrem oberen Quartil und dem Mittelwert. Damit landete das Signifikanzniveau bei rund 0,043. Fisher wies darauf hin, dass eine Abweichung im Ausmaß des dreifachen wahrscheinlichen Fehlers etwa einer solchen in der Höhe der zweifachen Standardabweichung entspricht, was das Signifikanzniveau auf 0,046 erhöhte. Die zunehmende Verwendung auch nichtnormaler Prüfverteilungen ließ es in der Folge in Hinblick auf eine gewünschte Vereinheitlichung der Handlungslogik der unterschiedlichen Teststrategien zweckmäßig erscheinen, die Unterscheidung zwischen nichtsignifikanten und signifikanten Testergebnissen auf Basis eines einheitlichen Signifikanzniveaus α vorzunehmen. Dieses dürfte schließlich einfach auf fünf Prozent aufgerundet worden sein. Der Wert $\alpha = 0{,}05$ hat sich danach in vielen Anwendungsbereichen der Signifikanztests als Konvention etabliert.

Bei ausreichender Vergrößerung des Tee-Experiments könnten somit auch nicht völlig fehlerfreie Versuchsresultate zu einem statistisch signifikanten Testergebnis führen, sofern der p-Wert des Testergebnisses nicht das vorab festgelegte Signifikanzniveau α überschreitet. Bei zwölf Tassen etwa wäre die Wahrscheinlichkeit für höchstens eine Fehlzuordnung pro Teeart $p = \frac{36}{924} + \frac{1}{924} \approx 0{,}040$ und somit ausreichend gering, um sich auch dann auf einem Signifikanzniveau $\alpha = 0{,}05$ gegen das Raten entscheiden zu können.

Gleichzeitig führt eine solche Experimentvergrößerung zu einer Erhöhung der sogenannten Mächtigkeit oder Power des Tests. Dieser Terminus bezeichnet die Wahrscheinlichkeit dafür, sich bei tatsächlichem Zutreffen der Einshypothese auch dafür zu entscheiden. Dies hat zur Folge, dass mit zunehmender Experimentgröße jeder auch noch so geringe „Effekt", das meint die tatsächliche Abweichung des interessierenden Parameters von der Nullhypothese, mit zunehmender Wahrscheinlichkeit zu einem signifikanten Ergebnis führt. Dies bedeutet insbesondere bei „Big Data"-Analysen, dass im Grunde jede zweiseitige Fragestellung zu einem signifikanten Resultat führen muss (siehe die „Info-Box: Big Data"). Und dies eben auch, wenn dieser Effekt wegen seines geringen Ausmaßes für die Praxis möglicherweise vollkommen irrelevant ist.

Diese Signifikanz-Relevanz-Problematik wird von manchen Anwender:innen fälschlicherweise als Schwäche der Handlungslogik statistischer Tests interpretiert. Tatsächlich handelt es sich hierbei aber keineswegs um eine Schwäche, ist es doch gerade das Ziel der Aufgabenstellung, vorhandene Effekte auch zu erkennen, wenn sie auftreten. Es sind vielmehr die von den Anwender:innen festgelegten Hypothesen, die sich oftmals als unbrauchbar

erweisen, weil sie schlicht und ergreifend nicht das überprüfen, was eigentlich überprüft werden soll. Wenn man
zum Beispiel testen möchte, ob ein praktisch bedeut-
samer Zusammenhang zwischen zwei Merkmalen besteht
(siehe die „Info-Box: Statistische Kennzahlen" in Kap. 2)
und nicht irgendein sich von null unterscheidender,
dann ist die Einshypothese des statistischen Tests so auf-
zustellen, dass sie eben nur jene Parameterwerte enthält, die in der Einschätzung des Anwender:innen oder
in der einschlägigen Literatur als praktisch bedeutsam
gelten. Häufig jedoch werden nicht Nullhypothesen als
Gegenpol zu solchen durch Forschungsfragen generierten
Einshypothesen über relevante Effekte formuliert, sondern
die Einshypothesen werden aus Nullhypothesen abgeleitet,
welche die Absenz eines Effekts, ob praktisch bedeutsam
oder nicht, beschreiben.

Beispielsweise würde beim Testen des Erfolgs einer
neuen Lehrmethode standardmäßig getestet werden,
ob eine Gruppe von Schüler:innen, die mit der neuen
Methode unterrichtet wurde, im Schnitt statistisch signifikant bessere Resultate als eine Kontrollgruppe liefert,
und nicht, ob das Ausmaß der Verbesserung bedeutsam ist. Dies würde sich aber angesichts des Aufwandes,
der mit der Einführung einer neuen Methode entstehen würde, empfehlen. Im Rahmen der statistischen
Qualitätskontrolle würde bei genügend großen Stichprobenumfängen eine Einshypothese über die simple Veränderung eines Mittelwerts (etwa der Längen produzierter
Schrauben) im Vergleich zur vorgegebenen Norm
auch dann akzeptiert werden, wenn eine aufgetretene
Abweichung aufgrund ihrer Geringfügigkeit gar nicht
korrigiert werden kann (oder zumindest nicht korrigiert
werden muss). Auch in der medizinischen Forschung
kann sich beispielsweise die Einführung eines neuen
Medikamentes für die betroffenen Patient:innen trotz der

Erhöhung des Anteils an geheilten Patient:innen nicht lohnen, wenn der Heilerfolg gegenüber dem herkömmlichen Medikament mit zusätzlichen Nebenwirkungen „erkauft" werden muss und das neue Medikament beim Test zwar statistisch signifikant, aber nur geringfügig besser als das alte abschneidet.

In all diesen Fällen ist die kontextbezogene Miteinbeziehung der praktischen Bedeutsamkeit notwendig, denn erst dadurch werden aufgetretene statistisch signifikante Testergebnisse auch zu praktisch bedeutsamen. Wird dies bei der Hypothesenformulierung berücksichtigt, dann ist es natürlich wünschenswert, dass man sich mit zunehmender Experimentgröße bei Gültigkeit der Einshypothese immer wahrscheinlicher auch für sie entscheidet. Es ist somit von essentieller Bedeutung für die Qualität der gezogenen Schlussfolgerungen, dass die aufgestellten Hypothesen auch das prüfen, was man prüfen möchte (siehe etwa: Quatember, 2005).

Denselben Zweck der Experimentvergrößerung würden Wiederholungen desselben Experiments erfüllen. Beispielsweise würde bei zehnmaliger Durchführung des Versuches mit acht Tassen ein auf dem Niveau von 5 % statistisch signifikant vom Raten abweichendes Ergebnis vorliegen, wenn in mindestens zwei der zehn Wiederholungen alle acht Tassen korrekt dem T- oder M-Teetyp zugeordnet würden. Die Wahrscheinlichkeit dafür, dass im Falle des reinen Ratens bei zehn Experimenten niemals alle acht Tassen korrekt zugeordnet werden, beträgt nach der Binomialverteilung nämlich $\left(\frac{69}{70}\right)^{10} \approx 0{,}8660$ und jene, es genau einmal zu schaffen $10 \cdot \left(\frac{69}{70}\right)^{9} \cdot \left(\frac{1}{70}\right) \approx 0{,}1255$. Die Wahrscheinlichkeit p für zwei oder mehr völlig korrekt erratene Reihenfolgen ist somit mit der Gegenwahrscheinlichkeit $p \approx 1 - 0{,}8660 - 0{,}1255 = 0{,}0085$. Auch ein solches Versuchsergebnis wäre also so unwahrscheinlich, dass die Ratevermutung auf dem Signifikanzniveau von $\alpha = 0{,}05$ verworfen werden könnte.

Man erkennt an diesem Beispiel sofort, dass es bei Wiederholungen unlauter wäre, die missglückten Versuche einfach unter den Tisch fallen zu lassen und lediglich die perfekt gelungenen mit allen acht korrekt zugeordneten Tassen zu präsentieren. Dies würde der korrekten Berechnung des p-Wertes dieses Testaufbaus die Basis entziehen. Wenn zum Beispiel von *zehn* Tee-Experimenten nur eines perfekt gelingen würde, dann wäre der p-Wert des Gesamtexperiments eben nicht 0,014, denn das wäre der p-Wert des perfekten Testausgangs bei nur *einem* durchgeführten Tee-Experiment. Der korrekte p-Wert wäre vielmehr $1 - 0{,}866 = 0{,}134$ und das Ergebnis wäre tatsächlich nicht signifikant!

Die in der empirischen Forschung in verschiedenen Bereichen im Zusammenhang mit Ergebnissen von Signifikanztests gängige Publikationspraxis lässt sich nun dadurch beschreiben, dass nichtsignifikante Testergebnisse offenbar für uninteressant gehalten werden. Diese besitzen daher eine geringere Veröffentlichungschance als signifikante Ergebnisse (vgl. etwa: Chavalarias et al., 2016). Das Problem ist: „Was nicht berichtet wird, existiert nicht, oder etwas vorsichtiger: Seine Chancen, zu einem Teil der von den Zeitgenossen wahrgenommenen Wirklichkeit zu werden, sind minimal" (Noelle-Neumann, 1980, S. 216). Die Konsequenz einer solchen Publikationspraxis, die nur eine bestimmte Auswahl der Forschungsergebnisse zulässt, ist etwa, dass Untersuchungen, die nicht zu dieser Auswahl gehören, von anderen Forscher:innen solange wiederholt werden bis sie ein (möglicherweise falsches) signifikantes Ergebnis hervorbringen. Wird dieses publiziert, weil man nirgendwo nachlesen kann, dass zum betreffenden

Thema auch einige nichtsignifikante Untersuchungsergebnisse vorliegen, dann wird dieser Irrtum Bestandteil des „Wissens" des betreffenden Bereiches! Auf diese Ergebnisse basierend werden dann „Klienten psychotherapiert, Organisationen umstrukturiert, Erziehungsstile vermittelt, Medikamente eingeführt, Maßnahmen im wirtschaftlichen Bereich getroffen, Züchtungen von Nutzpflanzen vorgenommen etc." (Witte, 1980, S. 58).

Verschiedene Erhebungen zur Verteilung der Signifikanz beziehungsweise Nichtsignifikanz von Testergebnissen in veröffentlichten Artikeln in den verschiedenen Anwendungsgebieten von Signifikanztests belegen diesen „Publication bias", der darin besteht, dass vorwiegend signifikante Testergebnisse publiziert werden (vgl. etwa: Chavalarias et al., 2016). Aufgrund geringer Aussicht auf wissenschaftliche Anerkennung werden bereits veröffentliche Untersuchungen zudem kaum wiederholt oder solche Wiederholungen kaum publiziert. Dies beschreibt eine Forschungspraxis, die entgegen der oben geschilderten Prinzipien des wissenschaftlichen Vorgehens nicht darauf abzielt, eigene oder die Forschungsergebnisse anderer wieder in Zweifel zu ziehen. Zur Vermeidung einer Verzerrung in Bezug auf Signifikanz und Nichtsignifikanz von veröffentlichten Testergebnissen wäre es aber nötig, die Gesamtheit der zu einem Forschungsgegenstand durchgeführten Experimente zu erfassen. In der Medizin gibt es in speziellen Forschungsbereichen immerhin eine verpflichtende Registrierung von Studien.

Der gängigen Bewertung ausschließlich signifikanter Testergebnisse als Erkenntnisfortschritte kann nur mit der Forderung nach einem diesbezüglichen Paradigmenwechsel begegnet werden. Auch nichtsignifikante Testergebnisse sind als Erfolge auf dem Weg zur Erkenntnis zu werten und dienen vor allem der umfassenden Einbettung verschiedener Forschungsresultate zu denselben oder ähnlichen Fragestellungen. Damit könnte sich die empirische Forschung im Sinne der klassischen Handlungslogik von der einseitigen Jagd nach Signifikanzen wieder zu einer nach allen Seiten offenen Suche nach Erkenntnisgewinnen weiter- oder – besser gesagt – zurückentwickeln.

Gemeinsam mit der üblen Veröffentlichungspraxis der Bevorzugung signifikanter Testresultate hatten der Einsatz statistischer Programmpakete und die ständig wachsende Rechnerleistung zusätzlich zur Folge, dass die nach Veröffentlichungen   strebenden   „Wissenschaftler:innen" die ihnen zur Verfügung stehenden Daten nach allen Regeln der statistischen Softwarekunst „ausquetschen" können. Auf diese Weise wird häufig „alles mit allem" getestet, ohne dass im Einzelnen dahinter eine begründete Forschungshypothese steht wie sie etwa in Fishers Pionierarbeit formuliert wurde. Das dieser Vorgangsweise des „p-hackings" eigene Abwarten der Anwender:innen darauf, welche aus der Unmenge berechneter Teststatistiken signifikant werden, birgt indes nicht geringe Gefahren. Denn „der Witz ist, *daß wir stets etwas Besonderes finden, wenn wir nicht nach etwas Bestimmten suchen.* Irgendwelche Muster entstehen letztlich immer." Und: „Interessant sind sie nur, wenn eine Theorie sie vorhergesagt hat. Deshalb gehört es zum Standard wissenschaftlicher Studien, daß *erst* das Untersuchungsziel und die Hypothese angegeben werden müssen und *dann* die Daten erhoben werden. Wer aber nach *irgendwelchen Mustern* in Datensammlungen sucht und *anschließend* seine Theorien bildet, schießt sozusagen auf die weiße Scheibe und malt danach die Kreise um das Einschußloch" (von Randow, 1994, S. 94; Hervorhebungen wie dort).

Es macht jedoch einen großen Unterschied für die qualitative Einschätzung der Untersuchungsergebnisse, ob wenige, aber begründete oder eine Unzahl unbegründeter

Tests durchgeführt worden sind. Oder sind Sie schon einmal auf die Idee gekommen, die Lottogewinner:innen vom letzten Wochenende für parapsychologisch veranlagt zu halten? Betrachten wir zur Veranschaulichung folgendes „modifizierte" Tee-Experiment, bei dem nicht die Behauptung einer einzelnen Person wie jene Murial Bristols oder einiger weniger Proband:innen am Ausgangspunkt des Überprüfungsprozesses steht, sondern der Wunsch eines Signifikanzenjägers, nennen wir ihn sinnigerweise Dr. Hunter, nach Testergebnissen, die publizierbar sind: Zu diesem Zweck werden von diesem Jäger an zum Beispiel 500 sich freiwillig meldenden Studierenden, die bezüglich der Unterscheidung der beiden Teezubereitungsarten vollkommen unbedarft sind, Fishers Experiment durchgeführt. Die Wahrscheinlichkeit dafür, dass einer bestimmten dieser Versuchspersonen durch Raten die korrekte Identifizierung aller acht Teetassen gelingt, beträgt – wie oben gezeigt – rund 0,014. Dies ist ein so seltenes Ereignis, dass man nach der Logik des Signifikanztestens bei dessen Eintreffen auf dem Signifikanzniveau $\alpha = 0,05$ von einem signifikanten Testergebnis sprechen kann.

Prüft Dr. Hunter jedoch anstelle *einer* solchen Person gleich 500, dann werden, selbst wenn alle raten, durchschnittlich $0,014 \cdot 500 \approx 7$ Personen alle Tassen korrekt ihrer Zubereitungsart zuordnen. Dies fordert die statistische Theorie! Der nach Anerkennung dürstende Dr. Hunter geht mit seinen signifikanten Testergebnissen und nur mit diesen an die (staunende) Öffentlichkeit, die den genauen Aufbau des gesamten Experiments nicht erfährt, ohne eine Theorie für die Fähigkeiten seiner Teekenner:innen anbieten zu können. Daran sollte man sich erinnern, wenn man in Zeitungen davon liest, dass empirisch Forschende auf Basis von Experimenten etwas festgestellt haben, wofür sie jedoch keine Erklärung anbieten können. Wer ein Ergebnis nicht erklären kann, hat nichts gefunden! Die auf diese Art produzierten statistischen Fälschungen sollen nicht der Wissenschaft dienen, sondern lediglich den Wissenschaftler:innen: „Häufiger Durchfall im Kleinkinderalter kann die Entwicklung der Intelligenz beeinträchtigen. Das ergab eine amerikanische Studie. Warum das so ist, konnten die Forscher allerdings nicht erklären („Oberösterreichische Nachrichten", 27. Dezember 2003)". – Ach!

„Die Zeit" berichtete am 30. Dezember 2010 von einer Untersuchung, die einen Nachweis für die Fähigkeit des Menschen, in die Zukunft zu blicken, erbracht haben soll (S. 35):

> *„Einer dieser Versuche: Den Testpersonen werden auf einem Bildschirm zwei zugezogene Vorhänge präsentiert. Hinter einem ist ein erotisches Bild verborgen, hinter dem anderen nur eine nackte Wand. In 53 Prozent der Fälle errieten die Probanden den Vorhang mit dem Sexbildchen. Dabei wurde erst nach ihrer Entscheidung per Zufallsgenerator festgelegt, wo das Bild steckte. Ein klarer Fall von Hellseherei? … Der Forscher erklärt den Effekt damit, dass erotische Bilder uns besonders sensibel machen für die Zukunft. Skeptiker von der Universität Amsterdam zeigten nun, dass der Grund viel banaler sein könnte: … (Der Forscher) untersuchte nämlich nicht nur erotische Bilder auf ihre Psi-Wirkung, sondern auch ein paar andere Kategorien – und pickte sich just den Bildersatz heraus, bei dem er einen Effekt messen konnte."*

Die Kenntnis ausschließlich eines bestimmten Teils und nicht der gesamten Versuchsanordnung verändert die Beurteilung der Ergebnisse jener Tests, die ein „Signum" gegen die Nullhypothese liefern, dramatisch. Auch die beschriebene Vorgangsweise der unbegründeten Durchführung großer Anzahlen statistischer Tests verstößt gravierend gegen dieklassische Handlungslogik des Signifikanztestens. Diesen Verhaltensregeln hat man sich bei Verwendung dieser Verfahren der schließenden Statistik aber selbstverständlich zu unterwerfen, wenn man sich bei der Interpretation der Testergebnisse auf die darauf basierenden Grundlagen berufen möchte. Eine – wenn überhaupt – nachträglich auf Basis signifikanter Testergebnisse formulierte Theorie zu ihrer Erklärung hatte nie die Chance, innerhalb des Testkonzepts „widerlegt" zu werden! Ein beträchtlicher Teil des so erzeugten „Wissens" ist einfach falsch. Ein Blick in empirische Zeitschriften verschiedener Forschungsbereiche genügt, um an der Anzahl der pro Aufsatz berichteten Ergebnisse statistischer Tests abzulesen, dass diese Vorgangsweise mit ihren negativen Auswirkungen gegenwärtig die empirische Forschung in vielen Fächern dominiert.

Eine andere Art der Einschränkung der Hypothesen auf durch die Daten bereits suggerierte Fragestellungen illustrieren zum Beispiel Hassler und Pohle (2022) anhand der im deutschen Lotto „6 aus 49" unterdurchschnittlich oft gezogenen Zahl 13. Die Formulierung der Hypothese, dass ausgerechnet die 13 „unlucky" sein soll, ist *nach* der Beobachtung der Daten unzulässig und führt zu verzerrten Resultaten. Nachdem 13 die am Seltensten gezogene Zahl ist und deshalb ausgewählt wurde, muss entweder die Verteilung des Minimums zum Vergleich herangezogen (siehe Kap. 8) oder ein Anpassungstest für die gesamte Verteilung (siehe Kap. 7) benutzt werden.

Auch die große Zahl „ungerichteter" Fragestellungen (siehe die „Info-Box: Signifikanztests"), die in der empirischen Forschung überprüft werden, ist ein Ergebnis des forschungshypothesenlosen alles-mit-allem-

Testens. Zweiseitige Hypothesen sollten eigentlich nur dann formuliert werden, wenn auch tatsächlich eine Veränderung des interessierenden Parameters in beliebiger Richtung überprüft werden soll. So legte Fisher in seinem acht Teetassen umfassenden Experiment mit Frau Bristol vorab fest, dass ausschließlich acht korrekt und nicht etwa auch acht falsch zugeordnete Tassen als genügender Nachweis ihrer Teekennerinschaft, die sich in der Unterscheidung der T- von den M-Tassen äußert, zu werten sind. In ihrem Bereich kundigen Forscher:innen muss ebenfalls zugemutet werden können, in ihren Forschungshypothesen häufiger, als dies derzeit der Fall ist, auch jeweils die Richtung des Effekts vorzugeben.

All diese Verstöße gegen die Vorgaben der von Fisher umfassend beschriebenen Prüfstrategie, das Signifikanz-Relevanz-Problem beim Formulieren der Einshypothesen, der Publication bias, das forschungshypothesenlose alles-mit-allem-Testen und die Richtungslosigkeit vieler Forschungshypothesen, haben zu einer in zahlreichen kritischen Publikationen dokumentierten Erschütterung des Vertrauens in die Tauglichkeit dieser statistischen Methode geführt (vgl. etwa: Wasserstein & Lazar, 2016). Diese Vertrauenskrise manifestiert sich sogar darin, dass Herausgeber:innen von wissenschaftlichen Zeitschriften das Publizieren von Artikeln, deren Substanz auf Signifikanztests beruhen, verweigern (vgl. etwa: Trafimow & Marks, 2015).

Dabei wäre diese Vertrauenskrise zu beseitigen, wenn die Forscher:innen der klassischen Handlungslogik des Testens folgen würden. Diese beruht zusammengefasst auf

- dem Aufstellen von statistischen Hypothesen ausgehend von Forschungsfragen, die sich Expert:innen in ihrem Gebiet aufdrängen,

- der sorgfältige Planung und Durchführung eines in Hinblick auf den Untersuchungsgegenstand angelegten Experiments,
- der Angabe jenes Wertebereichs der zum Test gehörenden Teststatistik auf Basis des vorab festgelegten Signifikanzniveaus, bei dem man bereit ist, die Nullhypothese zugunsten der Einshypothese bis auf weitere Erkenntnisse zu verwerfen,
- der Sammlung von Indizien gegen die Nullhypothese im Experiment,
- der abschließenden auf alledem basierenden Entscheidung auf Beibehaltung der Null- oder Akzeptierung der Einshypothese und
- die Einbettung dieser Entscheidung in die vorliegenden weiteren Erkenntnisse.

Die Verantwortlichen haben es selbst in der Hand, ihre diesbezügliche Mündigkeit und damit die Qualität der erzielten Forschungsergebnisse zu steigern. Die Statistical Literacy ist dafür unabdingbare Voraussetzung!

Ob Frau Bristol den Test bestanden hat, ist übrigens nicht ganz geklärt. Herr Fisher verliert in seinen Schriften kein Wort darüber. Zeugen der berühmten Teepause sind eher auf Bristols Seite (vgl. Kean, 2019).

Info-Box: Signifikanztests

Die „klassische" Signifikanztestkonzeption aus einer Fusion der Ansätze von Fisher und Neyman-Pearson folgt nachstehender Handlungslogik: Am Beginn steht eine wissenschaftliche Hypothese, die Forschungshypothese, die sich Substanzwissenschaftler:innen – z. B. durch langjährige Beobachtungen – als Vermutung aufdrängt und für deren Zutreffen auch eine erklärende Theorie angeboten werden kann. Diese Forschungshypothese ist im nächsten Schritt in eine statistische Hypothese über einen Parameter einer Variablen zu übersetzen. Diese wird zur „Eins-" oder „Alternativhypothese" (H_1), während die dazu komplementäre Aussage des Nichtzutreffens der Einshypothese zur Nullhypothese (H_0) des Tests wird. An dieser Nullhypothese wird im Rahmen der Handlungslogik des Signifikanztestens so lange festgehalten bis auf Grundlage der Resultate eines Experiments ernsthafte Zweifel an ihrer Gültigkeit entstehen.

Es werden beim Testen eines Parameters (wie zum Beispiel eines Populationsmittelwerts) – bezeichnen wir ihn allgemein mit θ – folgende Hypothesenformulierungen unterschieden:

Signifikanztests der Art

$$H_0: \theta \leq \theta_0 \quad \text{und} \quad H_1: \theta > \theta_0$$

beziehungsweise

$$H_0: \theta \geq \theta_0 \quad \text{und} \quad H_1: \theta < \theta_0$$

behandeln einseitige (oder gerichtete) Fragestellungen. Hierbei wird im ersten Fall überprüft, ob der Parameter größer und im zweiten Fall, ob er kleiner als ein bestimmter Wert θ_0 ist. Beide Hypothesen sind hierbei jeweils sogenannte zusammengesetzte Hypothesen. Sie bestehen beide aus mehr als einem Wert aus dem möglichen Wertebereich des gesuchten Parameters θ.

Ein Test der Hypothesen

$$H_0: \theta = \theta_0 \quad \text{und} \quad H_1: \theta \neq \theta_0$$

betrifft eine zweiseitige (oder ungerichtete) Fragestellung. Bei zweiseitigen Fragestellungen ist die Einshypothese zusammengesetzt, da mit ihr überprüft wird, ob der interessierende Parameter nicht dem Wert θ_0 entspricht. Die Nullhypothese aber ist eine sogenannte einfache, nur die Ausprägung θ_0 aus dem möglichen Wertebereich des Parameters umfassende Hypothese.

Im nächsten Schritt ist der zur Überprüfung der aufgestellten Hypothesen geeignete statistische Test zu bestimmen. Mit der Wahl des adäquaten Tests (zum Beispiel des sogenannten „t-Tests" beim Testen von Hypothesen über Mittelwerte) wird auch jene Teststatistik Z

festgelegt, mit deren Hilfe die Entscheidung zwischen den beiden Hypothesen getroffen werden kann.

Aus der Kenntnis der Wahrscheinlichkeitsverteilung der bei Gültigkeit der Nullhypothese möglichen Ergebnisse von Z beim diesbezüglich durchzuführenden Experiment lässt sich nach Vorgabe des Signifikanzniveaus α jener Wertebereich für Z festlegen, der zu einer Ablehnung der Nullhypothese führt. Dieser Ablehnungsbereich enthält diejenigen Realisationen von Z, die bei der Gültigkeit der Nullhypothese nur mit einer Wahrscheinlichkeit der Größe von maximal α auftreten, und gleichzeitig die Wahrscheinlichkeit dafür minimieren, dass Z nicht in diesem Wertebereich zu liegen kommen würde, falls die Einshypothese richtig wäre. Testergebnisse, die im so definierten Ablehnungsbereich der Nullhypothese liegen, werden als starkes Indiz gegen die Gültigkeit von H_0 gewertet.

Nach der tatsächlichen Berechnung von Z durch die Daten des Experiments wird festgestellt, ob Z im Ablehnungsbereich der Nullhypothese zu liegen gekommen ist oder nicht. Teststatistiken, die in diesen Bereich fallen, nennt man statistisch signifikant auf dem Niveau α. Eine gleichwertige Entscheidungsregel lautet, dass der p-Wert zu Z höchstens dem Signifikanzniveau α entsprechen darf. Dieser p-Wert ist die Wahrscheinlichkeit dafür, unter der Nullhypothese das tatsächlich aufgetretene Resultat oder noch mehr gegen diese Hypothese sprechende Resultate für Z zu erhalten. Bei einem statistisch signifikanten Testergebnis ist man bereit, bis anderes dagegen spricht die Nullhypothese zugunsten der Einshypothese zu verwerfen.

Info-Box: Big Data

Wenn von Big Data gesprochen wird, dann werden mit diesem Begriff in der Statistik üblicherweise Datensätze beschrieben, die nicht durch eine eigenständige Erhebung zu einem interessierenden Thema, sondern durch einen in einem anderen Zusammenhang ablaufenden Datengewinnungsprozess generiert wurden. Beispiele dafür sind etwa von Mobilfunkbetreibern gesammelte Nutzungsdaten oder von Online-Händlern gesammelte Kaufdaten. Wenn nicht gerade die Gesamtheit der die Daten im Prozess nebenbei Liefernden im Sinne einer Vollerhebung die Zielpopulation der Erhebung darstellt, dann bleibt festzuhalten, dass die dahinter stehenden Datenerzeugungsprozesse aufgrund der fehlenden Kontrolle über die Zugehörigkeit zum „Big" Datensatz nichtzufällig sind. Somit weisen Facebook- oder Google-Daten dieselbe Problematik in Hinblick auf den Selektionsbias wie alle anderen nichtzufällig gezogenen Stichproben auf (siehe Kap. 4). Die Datenquantität täuscht in Big Data-Analysen allzu oft über die mangelnde Datenqualität hinweg. Die aus diesen Daten errechneten Rückschlüsse auf Populationen stützen sich auf die Gültigkeit von Modellen über den Auswahlvorgang und nicht auf das Wissen über diesen.

Ein Beispiel für das Misslingen einer Big Data-Analyse ist die Verwendung von Statistiken über eingegebene Google-Suchbegriffe mit Grippebezug zur Schätzung der Grippeprävalenz in den USA. Nach anfänglichen Erfolgen führten Veränderungen in den Algorithmen für die automatisch angezeigten Suchvorschläge zusammen mit einer durch Medien erzeugten Zunahme an einschlägigen Suchanfragen zu einer dauerhaften Fehlschätzung der tatsächlichen Gripperate durch diese Vorgangsweise, da diese Suchbegriffe ihren diesbezüglichen Vorhersagewert verloren (vgl. Lazer et al., 2014). Der große Datensatz wurde mithin in Hinblick auf das Untersuchungsmerkmal nichtrepräsentativ.

Literatur

Chavalarias, D., Wallach, J. D., Li, A. H. T., & Ioannidis, J. P. A. (2016). Evolution of reporting P values in the biomedical literature, 1990–2015. *Journal of the American Medical Association, 315*(11), 1141–1148.

Cowles, M., & Davis, C. (1982). On the origins of the .05 level of statistical significance. *American Psychologist, 37*(5), 553–558.

Fisher, R. A. (1971) [1935]. *The Design of Experiments* (8. Aufl.). Hafner Publishing Company.

Hassler, U., & Pohle, M.-O. (2022). Unlucky number 13? Manipulating evidence subject to snooping. *International Statistical Review*. https://doi.org/10.1111/insr.12488.

Kean, S. (2019). Ronald Fisher, a bad cup of tea, and the birth of modern statistics. *Distillations*. https://www.sciencehistory.org/distillations/ronald-fisher-a-bad-cup-of-tea-and-the-birth-of-modern-statistics. Zugegriffen: 17. Dez. 2021.

Lazer, D. M., Kennedy, R., King, G., & Vespignani, A. (2014). The parable of google flu: Traps in big data analysis. *Science, 343*, 1203–1205.

Lelord, F. (2004). *Hectors Reise oder die Suche nach dem Glück*. Piper.

Noelle-Neumann, E. (1980). *Die Schweigespirale*. Piper.

Quatember, A. (2005). Das Signifikanz-Relevanz-Problem beim statistischen Testen von Hypothesen. *ZUMA-Nachrichten, 57*, 1–23.

Trafimow, D., & Marks, M. (2015). Editorial. *Basic and Applied Social Psychology, 37*, 1–2.

von Randow, G. (1994). *Das Ziegenproblem*. Rowohlt.

Wasserstein, R. L., & Lazar, N. A. (2016). The ASA statement on p-values: Context, process, and purpose. *The American Statistician, 70*(4), 225–232.

Witte, E. H. (1980). *Signifikanztest und statistische Inferenz*. Enke.

7

Wem man glauben kann: Aufgedeckte Gaunereien

Nehmen wir mal an, Sie wollen ihr Finanzamt bei Ihrer Steuererklärung betrügen. Nicht, dass wir das von Ihnen vermuten würden, aber wenn doch, dann sollten Sie beim Ausfüllen der Formulare mit irgendwelchen Fantasiezahlen vorsichtig sein. Verwenden Sie dabei nämlich, was viele als naheliegend und vernünftig annehmen, alle Ziffern gleichmäßig, so lassen sich ihre numerischen Angaben relativ einfach als Fälschungen identifizieren. Dies kommt von einem erstaunlichen Umstand, welcher in der Statistik nach seinen Entdeckern Newcomb-Benford-Gesetz (häufiger nur Benford-Gesetz) genannt wird und zur Folge hat, dass etwa Zahlen mit führenden Einsen in vielen Zusammenhängen öfter vorkommen als solche mit führenden Zweien, mit führenden Zweien wiederum öfter als solche mit führenden Dreien und so fort. Der kanadisch-amerikanische Astronom und Mathematiker Simon Newcomb (1835–1909) stellte fest, dass sein

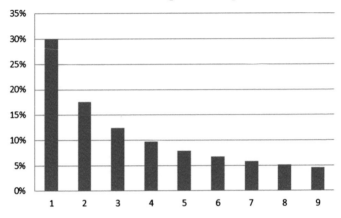

Benford-Verteilung der Anfangsziffern

Abb. 7.1 Benford-Verteilung der Anfangsziffern

Buch mit Logarithmentafeln auf den vorderen Seiten mit niedrigen führenden Ziffern stärker abgegriffen waren als auf den hinteren Seiten, was dem geschilderten Phänomen geschuldet war.

Obwohl Newcomb seine diesbezüglichen mathematischen Überlegungen schon 1881 publiziert hatte, dauerte es bis zur Wiederentdeckung dieser Gesetzmäßigkeit durch den Physiker Frank Benford (1883–1948) über ein halbes Jahrhundert. Dieser untersuchte 1938 eine Vielzahl von Datensätzen aus unterschiedlichen Quellen, so etwa die Längen von Flüssen, Ortschafts-, Regionen- oder Ländergrößen, die Auflagenhöhen von Zeitschriften, Footballresultate, spezifische Einträge in Tabellenwerken, etc. Für all diese Daten war die Verteilung der führenden Ziffern erstaunlich ähnlich und entsprach etwa den in Abb. 7.1 wiedergegebenen Verhältnissen.

Vielleicht noch erstaunlicher war die Tatsache, dass selbst nach dem Zusammenwerfen solch unterschiedlicher

Daten aus verschiedenen Quellen in einen großen Datensatz die Anfangsziffern dieser Verteilung folgten (und zwar mit noch höherer Treffsicherheit). Präziser gesagt, tritt nach diesem Gesetz die Eins an erster Stelle in etwa 30,1 % aller Fälle auf, die Zwei in ca. 17,6 %, die Drei in ca. 12,5 % der Fälle und so weiter (siehe Abb. 7.1).

Dass dies für spezifische deterministische Zahlenfolgen und bestimmten Verteilungen folgenden Zufallszahlen gelten kann, mag ja noch einigermaßen einleuchten. Wie aber schon Benfords Beispiele belegen, geht die Anwendbarkeit des gleichnamigen Gesetzes weit über solche sehr einschränkenden Umstände hinaus. Zeitabstände aufeinanderfolgender Erdbeben, der Abstand von Himmelskörpern, das Bruttoinlandsprodukt (BIP) aller Staaten, Hausnummern, Wahlergebnisse, Haushaltskonsumausgaben, Anzahlen von Arbeitslosen und Erwerbspersonen sind Benford-verteilt (vgl. etwa: Kossovsky, 2014, S. 29 f.). Machen Sie doch selbst einen Versuch. Nehmen Sie eine Kollektion von Daten aus ihrem Umfeld, die nicht zu klein ist und bei welcher der Datenbereich nicht auf eine bestimmte Zahl von Stellen beschränkt ist, ordnen Sie die Werte nach der führenden Ziffer und zählen Sie: Sie werden staunen (oder jetzt vielleicht nicht mehr).

Für dieses Phänomen lassen sich nun vielerlei Erklärungen finden. In Hinblick auf das häufige Auftreten in der Natur am schlüssigsten ist vielleicht jene über einen gleichmäßigen Wachstumsprozess. Pflanzen Sie etwa einen ein Meter hohen Baum, welcher monatlich im Schnitt um einen konstanten Faktor, sagen wir 1 %, und unbeschränkt wächst (so wie es auch 100 € tun würden, die mit einem konstanten Prozentsatz verzinst würden), dann dauert es etwas weniger als 70 Monate bis dieser Baum zwei Meter hoch ist. Denn zur Bestimmung

der Anzahl L an Monaten, die der Baum für diese Verdopplung seiner Höhe benötigt, muss man 1 so oft mit
1,01 multiplizieren bis dieses Produkt 2 ergibt. Gesucht
ist also jene Hochzahl L, für die gilt: $1 \cdot 1{,}01^{L} = 2$.
Diese Hochzahl ist der Logarithmus von 2 zur Basis
1,01 und es gilt ausgedrückt in den Zehnerlogarithmen
$L = \log_{1{,}01}(2) = \log_{10}(2)/\log_{10}(1{,}01) \approx 69{,}66$. Eine Ver-
dreifachung der Baumhöhe dauert demnach $\log_{10}(3)/$
$\log_{10}(1{,}01) \approx 110{,}41$ Monate.

Über 110 Monate lang besitzt ein solcher bei
einem Meter startender Baum somit eine Höhe, deren
führende Ziffer entweder eine Eins oder eine Zwei ist
(siehe Abb. 7.2). Da seine Höhe davon in 69,66 der
110,41 Monate eine Eins als erste Ziffer aufweist, ist
die Anzahl L der Monate mit Höhen mit Anfangs-

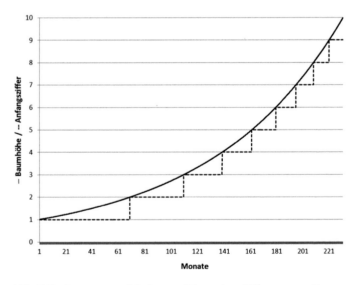

Abb. 7.2 Dauer verschiedener führender Ziffern von Baum-
höhen bei gleichmäßigem prozentuellem Wachstum von einem
bis zehn Metern

ziffer 2: $L \approx 110{,}41 - 69{,}66 \approx 40{,}75$ Monate. Ein zwei Meter hoher Baum benötigt also nur mehr weitere knapp 41 Monate bis er drei Meter misst, denn dafür muss er seine Höhe nicht wieder verdoppeln, sondern sie muss nur mehr um die Hälfte zulegen. Zu einer Höhe von vier Metern dauert es vom Start weg $\log_{10}(4)/\log_{10}(1{,}01) \approx 139{,}32$ Monate, und so weiter. Bis zu einer Höhe von zehn Metern dauert es schlussendlich insgesamt $\log_{10}(10)/\log_{10}(1{,}01) \approx 231{,}41$ Monate. Dann allerdings steht wieder eine Eins am Anfang und der Prozess setzt sich (auf der nächsten Skala) fort.

Misst man laufend die Höhe eines solchen um einen konstanten Faktor und unbeschränkt wachsenden Baumes, dann kommen aus diesen Gründen Höhen mit einer Eins am Beginn wesentlich häufiger vor als solche mit einer Zwei und so fort. Natürlich wachsen Bäume in der Realität nicht gleichmäßig und schon gar nicht unbeschränkt, aber betrachtet man eine größere Anzahl unterschiedlich alter Bäume spielt dies keine Rolle.

Die Wahrscheinlichkeit für das Vorliegen einer bestimmten Anfangsziffer z bei der Höhe eines zufällig gewählten Baumes entspricht somit dem jeweiligen Anteil der Verweildauer in der jeweiligen Kategorie an der Gesamtdauer (siehe Abb. 7.2). Für die Anfangsziffer $z = 2$ ergibt sich zum Beispiel also ungefähr $40{,}75/231{,}41 \approx 0{,}176$, welches $(\log_{10}(3)/\log_{10}(1{,}01) - \log_{10}(2)/\log_{10}(1{,}01))/(\log_{10}(10)/\log_{10}(1{,}01)) = \log_{10}(3) - \log_{10}(2)$ entspricht (vergleiche mit Abb. 7.1).

Wie man sieht hängt die Wahrscheinlichkeit für eine bestimmte Anfangsziffer z nicht mehr von der Größe des konstanten Wachstumsfaktors ab. Allgemein gilt: Eine Zahl mit Ziffer z an erster Stelle tritt nach dem Benford-Gesetz mit der Wahrscheinlichkeit $\log_{10}(z + 1) - \log_{10}(z) = \log_{10}(1 + 1/z)$ auf. Dies entspricht auch der schon von Newcomb festgestellten Eigenschaft, dass die Mantissen (das ist alles was von einer Zahl übrig bleibt, wenn die ganzzahlige Vorkommazahl abgezogen wird) der Logarithmen der Daten gleichverteilt zwischen 0 und 1 sind.

Eine andere, abstraktere Begründung für das Auftreten dieser Verteilung lässt sich aus der Tatsache herleiten, dass, wenn es sich bei einer Anfangszifferregel um ein allgemeingültiges Prinzip handelt, diese unabhängig von der Skala auftreten muss, in welcher die Daten gemessen wurden (also etwa ob in Metern oder Meilen). Die einzige Verteilung jedoch, welche diese Eigenschaft besitzt, ist eben die Benford'sche (vgl. Pinkham, 1961). Die wohl auf den breitesten Annahmen basierende gängige statistische Erklärung geht auf Hill (1995) zurück, welcher die Benford-Verteilung aus einer Mischung einer großen Zahl unterschiedlich verteilter Ausgangsgrößen ableitet.

Wie man nun mithilfe des Benford-Gesetzes gefakte Datensätze identifiziert, verlangt nicht mehr viel Fantasie. Mittels eines sogenannten statistischen Anpassungstests (siehe die „Info-Box: Anpassungstests") wird einfach überprüft, ob die fraglichen Daten der Benford-Verteilung folgen. Ist das nicht der Fall, so deutet unter den richtigen Umständen vieles darauf hin, dass an den Daten herummanipuliert wurde. Ihre erste Anwendung fand diese Verteilung zu diesem Zweck erst 1972 bei der Prüfung der Korrektheit von Computeralgorithmen zur Simulation von Daten in der Ökonomie. Da die realen ökonomischen Daten dem Benford-Gesetz folgten, sollte dies auch für die prognostizierten Daten gelten. 1988 erschien dann der erste wissenschaftliche Beitrag dazu im Bereich des Aufdeckens von Betrug bei Finanzdaten (vgl. Kossovsky, 2014, S. 79 f.).

Abb. 7.3 Entwicklungszusammenarbeitsausgaben Österreichs (veröffentlicht auf https://secure.sebastian-kurz.at/hilfe-vor-ort)[1]

Lassen Sie uns diese Vorgangsweise an einem konkreten Beispiel erörtern. Im Nationalratswahlkampf 2017 machte der Spitzenkandidat der ÖVP, der damalige Außenminister (und nachmalige Bundeskanzler) Sebastian Kurz mit der in Abb. 7.3 wiedergegebenen Grafik Werbung. Darin wird suggeriert, dass Österreichs Ausgaben zur Entwicklungszusammenarbeit relativ zum Bruttoinlandsprodukt im Development Assistent Committee (DAC) der OECD hinter der Schweiz, Belgien und Finnland an vierter Stelle lägen. In einer TV-Diskussion mit der damaligen Spitzenkandidatin der Grünen, Ulrike Lunacek, wurde Kurz allerdings von dieser mit dem Faktum konfrontiert, dass die sieben führenden Nationen (Norwegen, Luxemburg, Schweden, Dänemark,

---

[1] https://www.derstandard.at/story/2000065012259/entwicklungshilfe-die-frisierte-statistik-von-sebastian-kurz; Zugegriffen: 28.10.2021.

das Vereinigte Königreich, Deutschland und die Niederlande) in der Grafik keine Erwähnung fanden.

Dadurch sei es zu einem grob verzerrten Eindruck der österreichischen Position unter den damaligen DAC-Ländern gekommen. Die (mittlerweile leicht korrigierten) vollständigen Zahlen des Jahres 2016 für diese Länder sind auf der Homepage dieses Ausschusses abrufbar und in Tab. 7.2 wiedergegeben (in Promille des jeweiligen Bruttoinlandsprodukts sind die wahren Verhältnisse klar ersichtlich und der Fake ist entlarvt).

Allerdings stellt sich nun die Frage, ob wir auch ohne Vergleich mit den Originaldaten überprüfen hätten können, ob es sich bei den Daten in Abb. 7.3 um einen Fake handelt. Nun, wenn wir die ersten Stellen der Werte in Tab. 7.2 zunächst für alle 29 Länder und dann nur für die 22 in Abb. 7.3 angeführten Länder zählen, ergeben sich die Prozentzahlen aus Tab. 7.3.

Wendet man jetzt einen χ^2-Anpassungstest (siehe die „Info-Box: Anpassungstests") an die Benford-Verteilung an, so erhält man bezüglich der Abweichung der jeweiligen Prozentzahlen von denen der Theorie für die Gesamtdaten eine Teststatistik von 3,224. Für die von Kurz präsentierten Daten ergibt sich ein Wert von 7,593, also mehr als eine Verdopplung. Trotzdem reicht dies leider nicht aus, um (sagen wir beim herkömmlichen Signifikanzniveau von 5 % und dem zugehörigen kritischen Wert von 15,507) eine vermutete Verletzung der Benford-Verteilung der Daten in Abb. 7.3 im statistischen Sinne nachzuweisen. Es wurden also die Daten noch nicht genügend manipuliert, um diese sogar ohne Benützung des kompletten Datensatzes als Fake identifizieren zu können.

Tab. 7.2 Die Entwicklungsausgaben von 29 DAC-Ländern in Promille des jeweiligen BIP im Jahr 2016[2]

Land	Ausgaben (in Promille des BIP)
Norwegen	11,22
Luxemburg	10,01
Schweden	9,41
Dänemark	7,52
Vereinigtes Königreich	7,00
Deutschland	6,99
Niederlande	6,49
Schweiz	5,31
Belgien	4,99
Finnland	4,40
Österreich	4,24
Frankreich	3,84
Spanien	3,43
Irland	3,19
Island	2,84
Italien	2,75
Australien	2,66
Kanada	2,61
Neuseeland	2,53
Japan	2,04
Griechenland	1,89
Slowenien	1,87
USA	1,86
Portugal	1,71
Ungarn	1,66
Südkorea	1,59
Polen	1,47
Tschechien	1,42
Slowakei	1,21

Dieses Prinzip ist in der jüngsten Vergangenheit immer häufiger erfolgreich zum Aufdecken von Datenfälschungen verwendet worden, insbesondere bei

---

[2] www.oecd.org/dac/financing-sustainable-development/development-finance-data/statisticsonresourceflowstodevelopingcountries.htm; Zugegriffen: 31.08.2018.

Tab. 7.3 Verteilung der ersten Stellen der Ausgaben (in Promille des BIP) bei 22 ausgewählten und bei allen 29 DAC-Ländern

1. Stelle	29 Länder	22 Länder
1	37,9 %	40,9 %
2	20,7 %	27,3 %
3	10,3 %	13,6 %
4	10,3 %	13,6 %
5	3,4 %	4,5 %
6	6,9 %	0,0 %
7	6,9 %	0,0 %
8	0,0 %	0,0 %
9	3,4 %	0,0 %

Steuerbetrug, in der Wirtschaftskriminalität oder auch zur Identifikation von durch Interviewer:innen gefakten Fragebögen in der Markt- und Meinungsforschung. Auch beim Überprüfen von Genanomalitäten oder potenziellem Wahlbetrug wurde die Methode eingesetzt. Eine ausgezeichnete Quelle für viele solcher Anwendungen ist die Monographie von Nigrini (2012). Im Jahr 2021 schuf die Zeitschrift „Statistical Methods & Applications" ein Forum für verschiedene Beiträge zu weiteren Anwendungen des Benford'schen Gesetzes (Barabesi et al., 2021).

Diekmann (2007) beschreibt eine Anwendung dieser Vorgangsweise beim Aufdecken von gefälschten statistischen Kennzahlen in veröffentlichten empirischen Studien. In der Analyse von in solchen Aufsätzen gefundenen Ergebnissen von Regressionsanalysen zeigte sich, dass die Häufigkeitsverteilungen der verschiedenen ersten und mit abnehmender Ungleichmäßigkeit auch die der zweiten und weiterer Stellen (siehe die „Info-Box: Benford-Erweiterung für mehrere Stellen") der errechneten Regressionskoeffizienten annähernd dem typischen Bild der Benford-Verteilung entsprachen (Abb. 7.4).

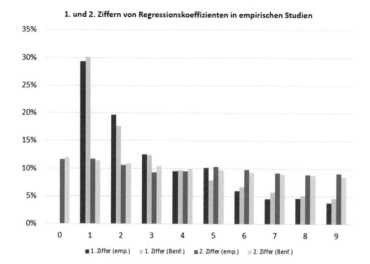

Abb. 7.4 Vergleich von empirischer und Benford-Verteilung der ersten und zweiten Stellen von Regressionskoeffizienten in wissenschaftlichen Studien nach Diekmann (2007)

Die Forscher:innen der ETH Zürich ließen darauf basierend Studierende ihres Fachbereichs für eine Fragestellung aus der Ökonomie plausible Regressionskoeffizienten erfinden. Der Vergleich der Verteilung der ersten und zweiten Stellen dieser artifiziellen Werte mit der bei den wahren Regressionskoeffizienten annähernd vorhandenen Benford-Verteilung ergab, dass diese Kontrollverteilung auch bei den ersten Stellen der erfundenen Regressionskoeffizienten annähernd vorhanden war. Dies könnte möglicherweise auch dadurch erklärt werden, dass die Studierenden eine gewisse inhaltliche Expertise beim Untersuchungsgegenstand aufwiesen. Die zweiten Stellen der erfundenen Daten wichen aber statistisch signifikant von der Benford-Verteilung der zweiten Stellen ab. Dies ließe sich folgerichtig als starkes

Indiz dafür werten, dass die Regressionskoeffizienten Fakes statt Fakten sind, was in diesem Fall eben auch so war.

Während sich die Erkenntnis, dass die ersten Stellen von gefakten Daten einer Benford-Verteilung folgen sollten, auch bei vielen Datenbetrüger:innen schon herumgesprochen haben sollte, und sich nicht-Benford-verteilte Fantasiezahlen somit als solche entdecken lassen, ist die erweiterte Anwendung des Benford-Gesetzes auf weitere Stellen der untersuchten Zahlen mit abnehmender Ungleichmäßigkeit nicht so bekannt. Deshalb empfiehlt sich die Benützung der zweiten oder dritten Stelle bei solchen Prüfungen. Erst die letzten Ziffern sollten mit jeweils gleicher, also je 10 % Häufigkeit auftreten.

Das Fälschen eines Datensatzes erfordert also wesentlich mehr statistisches Know-how als man vermuten möchte. Von 100 einzutragenden Zahlen sollten rund 30 mit einer Eins, rund 18 mit einer Zwei, und so fort beginnen. Aber auch die zweiten Stellen sollten sich nach den entsprechenden Regeln für die zweiten Ziffern richten. Und die dritten gegebenenfalls nach jenen für die Dritten …

In der statistischen Literatur finden sich zahlreiche andere ähnliche Häufigkeitsgesetze, welche sich zum Aufdecken von Gaunereien eignen, wie etwa das Zipf'sche Gesetz in der Linguistik, welches besagt, dass in einem beliebigen (natürlichen) Text, die Wahrscheinlichkeit des Auftretens eines Wortes sich umgekehrt proportional zu seiner Rangordnung innerhalb des Textes verhält. Andere verwandte Relationen sind das Bradford'sche Gesetz zu Zitationen in Fachzeitschriften oder das bekannte Pareto-Prinzip (80/20-Regel), welches zum Beispiel besagt, dass sich häufig mit 20 % des möglichen Aufwands 80 % der Aufgaben erledigen lassen.

Info-Box: Anpassungstests

Sogenannte Anpassungstests werden in der Statistik dafür verwendet, um nach der in Kap. 6 bereits beschriebenen Logik aber ohne Benützung eines Parameters (also nichtparametrisch) zu überprüfen, ob eine vorliegende empirische Verteilung einer vorgegebenen Form entspricht. Der gebräuchlichste dieser Tests ist der von Karl Pearson (1900) entwickelte χ^2-Anpassungstest, welcher die beobachtete Häufigkeiten O_i der Kategorien $i = 1, \ldots, n$ mit den unter der hypothetisierten Verteilung erwarteten Häufigkeiten E_i kontrastiert und zwar in Form der Testgröße

$$\sum_{i=1}^{n} \frac{(O_i - E_i)^2}{E_i},$$

welche unter der Nullhypothese, also der Annahme des Zutreffens der getesteten Verteilung, annähernd einer χ^2-Verteilung mit $n - 1$ Freiheitsgraden entspricht. Die Nullhypothese wird bei großen (relativen) Diskrepanzen zwischen den' O_i's und den E_i's am 5 %-Signifikanzniveau also dann abgelehnt, wenn das 95 %-Quantil dieser χ^2-Verteilung überschritten wird. Damit ist jener Wert gemeint, der bei tatsächlichem Vorliegen einer solchen Verteilung mit einer Wahrscheinlichkeit von 0,95 unterschritten würde.

In jüngster Vergangenheit wird der χ^2-Anpassungstest immer häufiger durch den einfacher zu berechnenden, aber äquivalenten G-Test, der auf der Testgröße $2 \cdot \sum_{i=1}^{n} O_i \cdot \ln\left(\frac{O_i}{E_i}\right)$ beruht, ersetzt. Dieser weist für unser Beispiel und Tab. 7.3 (Nulleinträge werden hierbei ignoriert) den zwar nach wie vor statistisch nicht signifikanten, der kritischen Grenze nun aber näher liegenden Wert von 12,235 auf. Man muss überdies darauf hinweisen, dass beide Tests asymptotischer Natur sind, also streng genommen nur für ausreichend große Datensätze valide funktionieren, was im vorliegenden Fall womöglich nicht erfüllt war.

Info-Box: Benford-Erweiterung für mehrere Stellen

Das Benford-Gesetz gilt auch für die ersten zwei Ziffern von solchen Zahlen (von 10 bis 99), die ersten drei (von 100 bis 999) und so fort, wobei sich die Wahrscheinlichkeiten für mehrstellige Anfangsziffern wegen ihrer zunehmenden Menge immer weniger unterscheiden. Denn wenn man zum Beispiel nur die führenden Ziffern „10" und „11" bei Benford-verteilten Datensätzen miteinander vergleicht, dann unterscheidet sich ihre Häufigkeit deshalb, weil nach ihrem ersten Auftreten bei den Zahlen 10 und 11 auch bei den dreistelligen Zahlen zuerst die Zahlen von „100 bis 109" (Anfangsziffern 10) und erst danach „110 bis 119" (Anfangsziffern 11) auftreten, dann bei den vierstelligen jene von „1000 bis 1099" vor „1100 bis 1199" auftreten und so fort. Dasselbe trifft auch auf die zweiten, dritten und weiteren Stellen selbst zu (Hill, 1995).

Literatur

Barabesi, L., Cerioli, A., & Perrotta, D. (2021). Forum on Benford's law and statistical methods for the detection of frauds. *Statistical Methods & Applications, 30*(3), 767–778.

Benford, F. (1938). The law of anomalous numbers. *Proceedings of the American Philosophical Society, 78*, 127–131.

Diekmann, A. (2007). Not the first digit! Using Benford's law to detect fraudulent scientific data. *Journal of Applied Statistics, 34*(3), 321–329.

Hill, T. P. (1995). A statistical derivation of the significant-digit law. *Statistical Science, 10*(4), 354–363.

Kossovsky, A. E. (2014). *Benford's law: Theory, the general law of relative quantities, and forensic fraud detection applications.* WSPC.

Newcomb, R. (1881). Note on the frequency of use of the different digits in natural numbers. *American Journal of Mathematics, 4*, 39–40.

Nigrini, M. J. (2012). *Benford's law. Applications for forensic accounting, auditing, and fraud detection.* Wiley.

Pearson, K. (1900). On the criterion that a given system of derivations from the probable in the case of a correlated system of variables is such that it can be reasonably supposed to have arisen from random sampling. *The London, Edinburgh, and Dublin Philosophical Magazine and Journal of Science, 50*(5), 157–175. https://doi.org/10.1080/14786440009463897.

Pinkham, R. S. (1961). On the distribution of first significant digits. *The Annals of Mathematical Statistics, 32*(4), 1223–1230.

8

Wenn es extrem wird: Krachende Rekorde

Das Jahr 2020 war eines der drei wärmsten seit Beginn der Messungen, 2016 war das wärmste und das Jahrzehnt von 2011 bis 2020 das wärmste Jahrzehnt – ein Rekord jagt den anderen. Die globalen Temperaturen steigen ganz unzweifelhaft. Dies führt zu häufigerem Auftreten von Extremwetterlagen, zum Rückzug der Gletscher und zur Erhöhung der Meeresspiegel. Das ist alles messbar. Aber sind das schon genügend Indizien für eine Klimaerwärmung? Denn immerhin können Höchstwerte auch bei eigentlich konstantem Klima rein zufällig auf Basis der normalen Temperaturschwankungen auftreten.

Stellen Sie sich – nur um sich das Problem einmal vor Augen zuführen – zum Beispiel vor, Sie werfen mehrmals hintereinander eine große Anzahl an (fairen) Würfeln und notieren sich jeweils deren Augensumme. Ein neuer Rekord wird beim dritten Versuch weniger wahrscheinlich sein als beim Zweiten, beim Vierten wiederum weniger

W. G. Müller und A. Quatember, *Fakt oder Fake?*
Wie Ihnen Statistik bei der Unterscheidung helfen kann,
https://doi.org/10.1007/978-3-662-65352-4_8

wahrscheinlich als beim Dritten und so fort. Denn die Wahrscheinlichkeit dafür, irgendwann vor dem nächsten Versuch schon mal eine hohe Augensumme erzielt zu haben, nimmt mit zunehmender Anzahl von Würfen zu. Obwohl es also immer *unwahrscheinlicher* wird, eine neue Rekordaugenzahl zu erzielen, wird es dennoch nicht *unmöglich*. Irgendwann wird es wieder passieren. Was aber mit der Länge der Vorgeschichte dann ab- und nicht wie bei den Temperaturmessungen zunehmen sollte, das ist die Häufigkeit neuer Rekorde.

Es ergibt sich also eine klassische Fragestellung der schließenden Statistik: Sind die gemachten Beobachtungen unter einer bestimmten Annahme (z. B. jener fairer Würfel oder eines konstanten Klimas) sehr unwahrscheinlich und daher als starkes Indiz gegen diese Annahme zu interpretieren oder nicht? Man schätzt die Entwicklung der Temperaturen bei Berücksichtigung nur jener Faktoren, die auch ohne menschliches Zutun vorhanden gewesen wären. Diese Schätzung vergleicht man mit der tatsächlich beobachteten Entwicklung, die sich hinsichtlich der berücksichtigten Faktoren nur dadurch unterscheidet, dass diese auch den von den Menschen verursachten CO_2-Ausstoß in Industrie und Verkehr mitbeinhalten. Aus diesem Vergleich lässt sich schließen, dass die Klimaerwärmung beinahe zur Gänze menschengemacht ist (vgl. Gillett et al., 2021).

Wenden wir diese Vorgangsweise auf die Zeitreihe der Aprildurchschnittstemperaturen der 100 Jahre von 1919 bis 2018 in Linz (strichlierte Linie in Abb. 8.1) an und betrachten die Entwicklung der Temperaturrekorde (dicke durchgezogene Linie).

Unter der üblichen Annahme normalverteilter Beobachtungen mit Mittelwert μ und Varianz σ^2 lässt sich für die Entwicklung des jeweils zu erwartenden

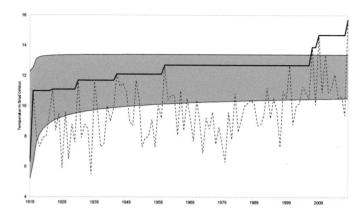

Abb. 8.1 Jahresmaximaltemperaturen in Linz von 1919 bis 2018

Maximums M_N (unter der Hypothese eines konstanten Klimas) über die vergangenen 100 Jahre die Faustformel

$$M_N = \mu + \sigma[0{,}82 + 0{,}57 \cdot \text{loglog } N + 0{,}35 \cdot (\text{log log } N)^2]$$

($N = 1, \ldots, 100$) finden (vgl. Gembris et al., 2007). Dabei kann man μ und σ durch Mittelwert und Standardabweichung der noch weiter zurück liegenden Jahre der historisch seit 1816 verfügbaren Daten abschätzen. Für die zugehörige Standardabweichung ergibt sich in ähnlicher Manier

$$\sigma_{MN} = \mu + \sigma[0{,}802 - 0{,}278 \cdot \text{loglog } N + 0{,}002 \cdot (\text{log log } N)^2],$$

womit man ein (ungefähres) Konfidenzintervall (siehe die „Info-Box: Konfidenzintervalle" in Kap. 4) durch $M_N \pm 1{,}96 \cdot \sigma_{MN}$ erhält, welches in Abb. 8.1. durch den grauen Korridor dargestellt wird. Man kann daraus gut erkennen, dass für Linz also nicht nur der April 2018 ein ungewöhnlich heißer war, sondern schon jene aus den

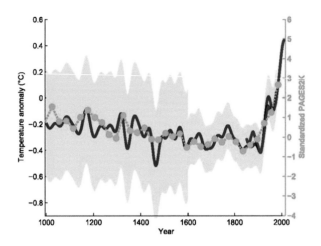

Abb. 8.2 Das berühmte Hockeyschläger-Diagramm zur Klimaerwärmung (Mann et al., 1999, S. 761)

Jahren 2007 und 2009 ein starkes Indiz für die Klimaerwärmung darstellten.

Bei Betrachtung der globalen Daten ergeben sich
ebensolche objektiven Befunde für die stattfindende
Erwärmung und das Problem ist nicht zuletzt durch
politische Aktivitäten, wie etwa die von Greta Thunberg,
in den Fokus der öffentlichen Aufmerksamkeit gerückt.
Allerdings war diese Evidenz Anfang unseres Jahrtausends
noch umstritten und führte zur berüchtigten Hockey-
schläger-Diagramm-Debatte, bei der die Statistik leider
auch eine unrühmliche Rolle spielte. Die Debatte entstand
als amerikanische Klimaforscher in einem ihrer Berichte
(Mann et al., 1999) die nachstehende Abb. 8.2 veröffentlichten, um den globalen Temperaturanstieg zu verdeut-
lichen.

Diese wurde wegen der Ähnlichkeit des langsamen
Fallens bis ins zwanzigste Jahrhundert und danach
steilen Anstiegs zu einem bestimmten Sportgerät als

Hockeyschläger-Diagramm bekannt. Der folgende lang-
wierige öffentliche Diskurs zur statistischen Validität
der durchgeführten Studie führte letztendlich auch zu
einer offiziellen Untersuchung durch den nationalen
Forschungsrat auf Ersuchen des US-Repräsentanten-
hauses. Im Zuge dessen wurde der renommierte Statistiker
Ed Wegmann der George Mason University und sein
Team um eine Expertise ersucht, welche fälschlicherweise intensive Kritik am Hockeyschlägerdiagramm und
deren Verfassern übte und damit den Klimawandel infrage
stellte. Der zugehörige wissenschaftliche Bericht musste
dann immerhin vom Autor aus Plagiatsgründen bei der
entsprechenden statistischen Fachzeitschrift zurück-
gezogen werden (Said et al., 2008). Wie man an diesem
Fall sieht, kann Statistik nicht nur zur Aufdeckung,
sondern leider auch zur Verbreitung von Fakes benutzt
werden. Allerdings muss man zur Ehrenrettung des Faches
vorbringen, dass zahlreiche Kolleg:innen letztendlich zur
Aufklärung dieses Skandals beigetragen haben.

Ohne große Fantasie kann man nun erkennen, dass das
oben skizzierte Verfahren natürlich auch in vielen anderen
Bereichen eingesetzt werden kann, sei es bei der Identifikation dopingbedingter Sportrekorde oder zu geringer
Deklarationen an die Steuerbehörden oder Ähnlichem. In
der Praxis hat man dann oft nicht nur eine einzelne Zeitreihe vorliegen, sondern eine ganze Kollektion, sozusagen
eine Stichprobe aller möglicher Reihen. Die natürliche
Frage, die sich dann stellt, ist, welcher Verteilung die
Rekorde (Maxima oder Minima) folgen, wenn man auch,
aber nicht notwendigerweise, die Normalverteilung als
Ausgangsverteilung annimmt.

Auch hierzu hat der schon aus Kap. 6 bekannte Ronald
A. Fisher gemeinsam mit Leonard H. C. Tippett (1902–
1985) einen entscheidenden Beitrag geleistet (Fisher &
Tippett, 1928). Ähnlich dem zentralen Grenzwertsatz

für die asymptotische Verteilung von Mittelwerten formulierten die beiden das Extremwertgesetz, dass – ganz egal welche Ausgangsverteilung man zugrunde legt – die asymptotische Verteilung der Extremwerte nur drei bestimmten Typen (Gumbel, Fréchet, Weibull) folgen kann, die sich zur Fisher-Tippett-Verteilung verallgemeinern lassen (welche deshalb oft auch einfach als verallgemeinerte Extremwertverteilung bezeichnet wird; siehe die „Info-Box: Fisher-Tippett-Verteilung").

Dieses Resultat wurde in der Folge vor allem von Emil Gumbel (1891–1966) für zahlreiche Anwendungen in der Klimatologie, der Hydrologie und den Ingenieurswissenschaften benutzt. Sein Lehrbuch (Gumbel, 1958) gilt als das definierende Werk der Extremwerttheorie. Gumbel war übrigens auch ein früher Kämpfer gegen Fälschungen mithilfe der Statistik. Sein diesbezüglicher Nachweis der Rechtslastigkeit der Justiz der Weimarer Republik führte zu Krawallen an der Universität Heidelberg, wo ihm dann 1932 auch die Lehrbefugnis entzogen wurde. 1933 floh er zuerst nach Frankreich, dann in die USA. Die Deutsche Statistische Gesellschaft ehrt ihn nunmehr durch die alljährlich stattfindende Gumbel-Vorlesung.

Die nach Gumbel benannte Manifestation der Extremwertverteilung (welche zum Beispiel auch für eine normale Ausgangsverteilung gilt) lässt sich nun auch zur Entwicklung eines einfachen grafischen Verfahrens zum Entdecken von Anomalien auf Basis eines sogenannten Quantil-Quantil-(Q-Q-)Plots benutzen (siehe die „Info-Box: Q-Q-plots (auch Quantil-Quantil-Diagramme)"): Man erzeugt einfach ein Streudiagramm aus den geordneten beobachteten Maxima (etwa der Jahresmaxima der Linzer Monatstemperaturen) T_N gegen $-log(-log(N/203))$ für $N = 1, \ldots, 202$ der letzten 202 Jahre, für welche Aufzeichnungen vorliegen (siehe

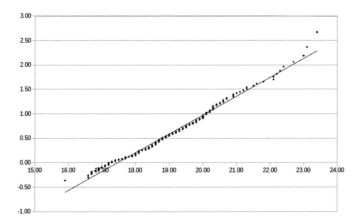

Abb. 8.3 (Gumbel-)Q-Q-Plot der Linzer Jahresmaximaltemperaturen

Abb. 8.3). Daraus lässt sich ablesen, dass die lineare Annäherung tatsächlich nur bei den extrem hohen Temperaturen (der letzten Jahre) versagt.

In vielen Anwendungen wird statt der Extreme auch gerne die Über- (oder Unter-)schreitung von Schwellwerten analysiert (zum Beispiel bei hochwasserbedingten Überschwemmungen). Dann kommt in analoger Weise die sogenannte verallgemeinerte Paretoverteilung zur Anwendung (siehe dazu und auch zu noch mehr Details zu Extremwertstatistiken: Davison & Huser, 2015).

Bis jetzt haben wir uns mit univariaten Situationen beschäftigt, das heißt Analysen von nur jeweils einem einzigen Merkmal. Die Sache wird wesentlich komplexer, wenn es im multivariaten Fall um das Zusammenspiel mehrerer Kenngrößen geht. Dies wird alleine schon durch das grundlegende Problem deutlich, dass für mehrdimensionale Beobachtungen keine eindeutige Ordnung definierbar ist. Die Schwierigkeiten gehen aber deutlich

darüber hinaus, wie folgendes berühmte Beispiel
illustriert: Im Jahre 2000 publizierte der studierte
Statistiker und damals im Risikomanagement der
JPMorgan-Bank beschäftigte David X. Li eine Arbeit, die
sich mit der Abschätzung des Ausfallsrisikos von
Hypothekardarlehen beschäftigte. Konkret schlug er vor,
die Wahrscheinlichkeit des gemeinsamen Ausfalls der
Darlehen A und B über eine bivariate Normalverteilung
durch die Gleichung

$$P[T_A < 1, T_B < 1] = \Phi_2(\Phi^{-1}(F_A(1)), \Phi^{-1}(F_B(1)), \rho)$$

zu modellieren. Hier stehen T_A und T_B für die „Über-
lebensdauer" der Darlehen (weniger als 1 bis zur
nächsten Periode bedeutet also Ausfall), F_A und F_B für
die zugehörigen Verteilungsfunktionen, Φ für die Verteilungsfunktion der Standardnormalverteilung, ρ für
den Korrelationskoeffizienten und Φ_2 für die sogenannte
bivariate Gauss'sche Copula (Copulas sind Funktionen,
welche getrennt vom Verhalten der Ränder das Abhängig-
keitsverhalten gemeinsamer Verteilungen – hier eben der
bivariaten Normalverteilung – modellieren; mehr dazu in
der „Info-Box: Copulas").

   Dieses von Li postulierte Modell wurde durch einen
im „Wired-Magazine" verbreiteten Artikel von F. Salmon
als „The Formula that killed Wall-Street"[1] bekannt und
Li dadurch als „world's most influential statistician"
mehr berüchtigt als berühmt. Warum das? Li's Vorgangsweise war unter Risikomanager:innen Anfang der
2000er so beliebt geworden, dass sie zentral in nahezu
allen automatischen Handelssystemen integriert worden

---

[1] https://www.wired.com/2009/02/wp-quant/; Zugegriffen: 18.11.2021.

war. Im Zuge der Weltfinanzkrise 2007/08 erwies sich das allerdings als fatal. Der Grund dafür liegt in einer zunächst wenig beachteten Eigenschaft der bivariaten Normalverteilung beziehungsweise Copula. Obwohl der Zusammenhang zwischen den Merkmalen mittels einer (typischerweise positiven) Korrelation ρ abgebildet wurde, hat man darauf vergessen, dass diese abnimmt je weiter man sich in den extremen Regionen der Verteilung befindet; asymptotisch verschwindet diese Abhängigkeit (die sogenannte „Tail-Dependence") sogar. In der Finanzkrise befand man sich in genau solchen Extremen und die Wahrscheinlichkeiten des gemeinsamen Ausfalls wurden dadurch (von den automatisierten Händlern) krass unterschätzt.

David X. Li wurde in der Öffentlichkeit angefeindet (und von der Kolleg:innenschaft verteidigt, z. B. mit den Worten man könne ja Einstein auch nicht für den Einsatz der Atombombe verantwortlich machen) und verließ schlussendlich die USA 2008.[2] Dabei war sein Grundgedanke, der Einsatz von Copulas, durchaus richtig, bloß bewies er mit der Gauss'schen kein glückliches Händchen. Selbstverständlich gibt es zahlreiche statistische Instrumente (siehe Nelsen, 2006) zur Unterstützung der Wahl einer geeigneten Copula-Funktion. Die auch nach Emil Gumbel benannte Copula zum Beispiel weist stets positive Tail-Dependence auf und wer weiß, ob die Finanzkrise bei ihrer Verwendung auch passiert wäre…

---

[2] Mittlerweile ist er Professor an einer chinesischen Universität, siehe http://en.saif.sjtu.edu.cn/faculty-research/li-david-x; Zugegriffen: 23.06.2021.

Info-Box: Fisher-Tippett-Verteilung

Diese in der Extremwerttheorie herausragende Verteilung wird manchmal auch auf den österreichischen Mathematiker und Statistiker Richard von Mises (1883–1953) zurückgeführt und ist durch die Verteilungsfunktion

$$F(x) = e^{-\left(1+\gamma\frac{x-\mu}{\sigma}\right)^{-\frac{1}{\gamma}}}$$

beschrieben. Hier kann man durch das Setzen spezifischer Parameterwerte die drei Grundtypen erreichen. Die Gumbel-Verteilung ergibt sich aus dem Grenzwert für $\gamma \to 0$.

Info-Box: Q-Q-Plots (auch Quantil-Quantil-Diagramme)

Q-Q-Plots dienen zum Vergleich der Verteilung zweier statistischer Merkmale x und y oder der Überprüfung, ob die Verteilung eines einzelnen Merkmals x einer vorgegebenen Verteilung F_0 entspricht. Bei ersterem Zweck werden einfach die Wertepaare der beiden jeweils geordneten Reihen $(x_{(i)}, y_{(i)})$ in ein Koordinatensystem geplottet. Für den zweiteren ersetzt man einfach eine der Reihen durch die entsprechenden Quantile der postulierten Verteilung F_0, also $y_{(i)} = F_0^{-1}[R(x_i)/(n+1)]$, wobei $R(x_i)$ die Ränge der Beobachtungen x_i bezeichnet. (An welchen Stellen die Quantile ausgewertet werden variiert nach Kontext, spielt aber bei großem n keine Rolle. Wir verwenden hier die einfachste, nach Van der Waerden benannte Methode.)

Würde man also zum Beispiel überprüfen wollen, ob der Datensatz $x = \{4, 59, 96, 146, 203, 312\}$ einer Standardnormalverteilung, also einer Normalverteilung mit Mittelwert 0 und Varianz 1, folgt, bestimmt man zunächst deren Quantile an den Stellen $\{1/7, 2/7, \ldots, 6/7\}$, also $\{-1{,}068, -0{,}566, -0{,}180, 0{,}180, 0{,}566, 1{,}068\}$ und plottet diese gegen die Originalbeobachtungen, was – wie in Abb. 8.4 ersichtlich – einen annähernd linearen Verlauf ergibt.

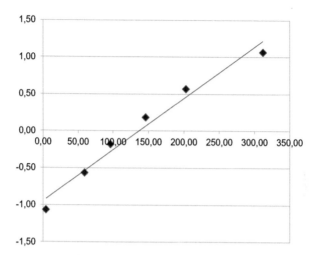

Abb. 8.4 Q-Q-Standardnormalverteilungsplot für x = {4, 59, 96, 146, 203, 312}

Info-Box: Copulas

Mit diesem Begriff bezeichnet man in der Stochastik Funktionen, welche den Zusammenhang zwischen den Randverteilungen und der gemeinsamen Verteilung verschiedener Zufallsvariablen wiedergeben. Nach dem gefeierten Satz von Sklar (1959) kann für jede n-dimensionale Verteilungsfunktion F mit Randverteilungen $F_1, \ldots, F_n$ eine n-dimensionale Copula C angegeben werden, für die gilt:

$$F(x_1, \ldots, x_n) = C[F_1(x_1), \ldots, F_n(x_n)].$$

Der statistische Vorteil an dieser Darstellung liegt darin, dass das eindimensionale Randverhalten von Zufallsgrößen getrennt von ihren Abhängigkeiten, eben der Copula C, modelliert werden kann.

Literatur

Davison, A. C., & Huser, R. (2015). Statistics of extremes. *Annual Review of Statistics and Its Application, 2*(1), 203–235. https://doi.org/10.1146/annurev-statistics-010814-020133.

Fisher, R. A., & Tippett, L. H. C. (1928). Limiting forms of the frequency distributions of the largest or smallest member of a sample. *Mathematical Proceedings of the Cambridge Philosophical Society, 24*, 180–190.

Gembris, D., Taylor, J. G., & Suter, D. (2007). Evolution of athletic records: Statistical effects versus real improvements. *Journal of Applied Statistics, 34*(5), 529–545. https://doi.org/10.1080/02664760701234850.

Gillett, N. P., Kirchmeier-Young, M., Ribes, A., Shiogama, H., Hegerl, G. C., Knutti, R., Gastineau, G., John, J. G., Li, L., Nazarenko, L., Rosenbloom, N., Seland, Ø., Wu, T., Yukimoto, S., & Ziehn, T. (2021). Constraining human contributions to observed warming since the pre-industrial period. *Nature Climate Change, 11*, 207–212. https://doi.org/10.1038/s41558-020-00965-9.

Gumbel, E. J. (1958). *Statistics of extremes.* Columbia University Press.

Li, D. X. (2000). On default correlation: A copula function approach. *Journal of Fixed Income, 9*(4), 43–54. https://doi.org/10.3905/jfi.2000.319253.

Mann, M. E., Bradley, R. S., & Hughes, M. K. (1999). Northern hemisphere temperatures during the past millennium: Inferences, uncertainties, and limitations. *Geophysical Research Letters, 26*(6), 759–762.

Nelsen, R. B. (2006). *An introduction to copulas.* Springer. https://www.springer.com/de/book/9780387286594. Zugegriffen: 17. Dez. 2021.

Sklar, A. (1959). Fonctions de répartition à n dimensions et leurs marges. *Publications de l'Institut de statistique de l'Université de Paris, 8*, 229–231.

Said, Y. H., Wegman, E. J., Sharabati, W. K., & Rigsby, J. T. (2008). RETRACTED: Social networks of author–coauthor relationships. *Computational Statistics & Data Analysis, 52*(4), 2177–2184. https://doi.org/10.1016/j.csda.2007.07.021.

9

Womit man rechnen musste: Corona – Ein Kapitel für sich

„7-Tage-Inzidenz", „effektive Reproduktionszahl", „Prä-valenz", „Übersterblichkeit", „Impfstoffwirksamkeit" – die am Ende des Jahres 2019 von China ausgegangene globale Corona-Pandemie verlangte von der Öffentlich-keit, wie vielleicht nie zuvor, rasch die Akzeptanz und das Verständnis zahlreicher statistischer Konzepte (siehe auch Meng, 2020). Dies gelang nicht immer friktions- und widerspruchsfrei und die Klärung dieser, für faktenbasierte Entscheidungen so wichtigen Begriffe soll ein Ziel dieses abschließenden Kapitels sein.

9.1 Daten, Daten, Daten

Anfangs führte die Pandemie allgemein zu einer unerwar-teten Renaissance der vernunftorientierten Werte der Aufklärung. Während beim Thema Klimawandel die

© Der/die Autor(en), exklusiv lizenziert an Springer-Verlag GmbH, DE, ein Teil von Springer Nature 2022
W. G. Müller und A. Quatember, *Fakt oder Fake?*
Wie Ihnen Statistik bei der Unterscheidung helfen kann,
https://doi.org/10.1007/978-3-662-65352-4_9

Verfechter:innen der „alternative Fakten" die Warnungen von Expert:innen noch ignorieren konnten, wurden angesichts der Ausbreitungsgeschwindigkeit des SARS-CoV-2-Virus (Corona-Virus) und der dadurch verursachten Lungenkrankheit COVID-19 Wissenschaftler:innen weltweit zu einflussreichen Berater:innen der Verantwortungsträger:innen und auch in der Öffentlichkeit als solche wahrgenommen. Das Ausmaß der aus ihren Analysen wegen des Nichtvorhandenseins von Impfstoffen und Medikamenten im Jahr 2020 abgeleiteten nichtpharmazeutischen Schutzmaßnahmen wie Tragen von Schutzmasken, Abstandhalten, Ausgangsbeschränkungen, verbreiteter Umstieg auf Home-Office, Schließung von Schulen, Universitäten, Geschäften und Restaurants oder Veranstaltungsverbote manifestierte sich in dieser Gesundheitskrise in mehr oder weniger begrenzter Weiterverbreitung des Virus.

Dabei galt es, aufgrund der Fülle der weltweit aktuell veröffentlichten coronarelevanten Daten in einem für die Wissenschaft typischen Lernprozess jene herauszufiltern, welche die Antworten auf die drängendsten Fragen wie nach der Prognose der Auslastung der vorhandenen Spitalskapazitäten, der Evaluierung der zur Eindämmung des Virus getroffenen Maßnahmen oder dem geeigneten Zeitpunkt für deren Lockerungen liefern sollten. Während es jedoch in Deutschland mit dem Robert-Koch-Institut (RKI) von Anfang an eine zentrale Institution zur Bereitstellung möglichst widerspruchsfreier Pandemiedaten gab, war in Österreich die diesbezügliche Situation unbefriedigend. Sowohl das Gesundheitsministerium als auch die AGES (Agentur für Gesundheit und Ernährungssicherheit) veröffentlichten täglich aus dem Epidemiologisches Meldesystem (EMS) entnommene, aufgrund unterschiedlicher Stichzeitpunkte beziehungsweise Zuordnungen jedoch nicht deckungsgleiche Daten. Dies und zahlreiche andere Unzulänglichkeiten, vor allem die nicht durchführbare Verknüpfung der EMS-Daten mit solchen aus anderen Quellen, führte zu so mancher öffentlich geäußerter Unzufriedenheit der befassten Forscher:innen wie dies auch durch den österreichischen Rechnungshof kritisiert wurde.[1] Diese mündete letztendlich sowohl in die Erarbeitung fachlich fundierter Konzepte, siehe z. B. Grossmann et al. (2021), als auch in Initiativen zur Errichtung eines Forschungsdatencenters an der Statistik Austria.

Mit zunehmender Dauer der Pandemie wuchs vielerorts in der Bevölkerung der Unmut gegen die auferlegten Freiheitsbeschränkungen und damit auch gegen die für diese Beschränkungen verantwortlich gemachten Politiker:innen und Berater:innen. Hinzu kam, dass es anfangs nur wenige, kaum hinterfragte Corona-Statistiken gab, an denen sich die Fakteninteressierten orientieren konnten. Mit der wachsenden Fülle des veröffentlichten Datenmaterials und der öffentlichen Diskussion seiner Relevanz wurde es immer schwieriger, sich einen faktengerechten Überblick zu verschaffen. Eine Nachbetrachtung der Qualität jener statistischen Informationen, die im ersten Jahr der Krise tagtäglich über alle Medien verbreitet wurden, und der Qualität ihrer Vermittlung eignet sich deshalb auch gut als Rückschau auf viele in diesem Buch bereits beschriebenen Aspekte. Die Einbindung dieser in den Corona-Diskurs bildet somit ein weiteres Ziel dieses umfangreicheren, zusammenfassenden Kapitels.

Eine zentrale Rolle in der öffentlichen Wahrnehmung der Pandemie spielten von Anfang an die täglich offiziell bekanntgegebenen Zahlen der infizierten, wieder genesenen

---

[1] https://www.diepresse.com/6010200/corona-die-geheimen-datenlocher; Zugegriffen: 02.02.2022.

und an COVID-19 verstorbenen Personen und der aus diesen Zahlen abgeleiteten aktiven Fälle. Weil man den Betroffenen ihre Corona-Infektion nicht ansah (wie dies beispielsweise bei manchen Kinderkrankheiten der Fall ist), musste das Ergebnis sogenannter PCR-Tests (= Polymerase chain reaction) basierend auf einer Speichelprobe mit dem Vorliegen der Infektion gleichgesetzt werden. Wie die meisten diagnostischen Tests waren auch diese nicht völlig fehlerfrei. So konnten die Viren wegen der im Krankheitsverlauf unterschiedlichen Virenlast nur in einem bestimmten Zeitfenster nachgewiesen werden. Auch Zuordnungsfehler bei ihrer Auswertung in den Labors waren nicht gänzlich auszuschließen.

Für die Öffentlichkeit waren während der gesamten Dauer der Pandemie sogenannte Dashboards eine der Hauptinformationsquellen. Diese waren im Wesentlichen Webseiten, auf welchen durch die Behörden veröffentlichte pandemierelevante Kennzahlen regional aufgeschlüsselt und typischerweise in interaktiven Grafiken und Tabellen abgerufen werden konnten. In Deutschland war dies maßgeblich die durch das RKI betriebene, dem mit weltweiten Daten bespielten Dashboard der Johns-Hopkins-Universität[2] sehr ähnliche, Seite.[3] In Österreich wurde eine etwas schlichtere Seite, man könnte diese natürlich auch übersichtlicher nennen, von der AGES betrieben.[4] Anfängliche, auch auf in unseren Anfangskapiteln besprochene Fehler zurückgehende, Defizite dieser Website führten dazu, dass rasch informativere private Alternativen entstanden.[5] Eine Übersicht zu zahlreichen relevanten

---

[2] https://coronavirus.jhu.edu/map.html; Zugegriffen: 02.02.2022.

[3] https://corona.rki.de; Zugegriffen: 02.02.2022.

[4] https://covid19-dashboard.ages.at/dashboard.html; Zugegriffen: 02.02.2022.

[5] https://covid2019.at/; Zugegriffen: 02.02.2022.

Seiten findet sich auf dem österreichischen Open Data Informationsportal.[6] Auch auf über die aktuelle Herausforderung hinausgehenden globalen Datenwebseiten mit ähnlichen Funktionalitäten wie etwa „Our World in Data"[7] konnte die Pandemieentwicklung verschiedener Länder im Rennen gegen das Virus einfach beobachtet und verglichen werden.

9.2   Fälle, Fälle, Fälle

Ganz zu Anfang der Pandemie richtete sich das Hauptaugenmerk auf die auf Basis der Testungen von Verdachtspersonen veröffentlichten Zahlen der zum jeweiligen Zeitpunkt aktiven Fälle. Diese wurden tagesaktuell aus der Differenz der Anzahl der bis dahin insgesamt gemeldeten Positivfälle und der Anzahl der davon inzwischen wieder genesenen beziehungsweise verstorbenen Personen errechnet. Ihre Korrektheit war somit davon abhängig, dass diese Zahlen sorgfältig in das Meldesystem eingetragen wurden.

In Abb. 9.1 ist an den täglichen Säulen erkennbar, dass die Entwicklung der gemeldeten Neuinfektionen auf den verschieden hohen Niveaus einem wiederkehrenden Wochenzyklus unterlag. Dies begründete sich hauptsächlich daraus, dass an den Wochenenden regelmäßig sowohl weniger getestet als auch weniger in das System eingetragen wurde als an den anderen Wochentagen. Somit war die jeweilige aktuelle Entwicklung des Infektionsgeschehens aus den tageweisen Vergleichen der

[6] https://www.data.gv.at/covid-19/; Zugegriffen: 02.02.2022.
[7] https://ourworldindata.org/explorers/coronavirus-data-explorer; Zugegriffen: 02.02.2022.

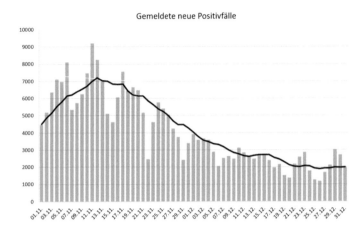

Abb. 9.1 Die Anzahlen an täglich gemeldeten neuen Positiv-fällen (Säulen) und ihre gleitenden 7-Tage-Mittelwerte (Kurve) im November und Dezember 2020[8]

Neuinfektionszahlen nur bedingt möglich. Erst erstaun-lich spät besann man sich bei den offiziell veröffentlichten Zahlen einer einfachen statistischen Methode, die dazu geeignet ist, solche zyklischen Schwankungen zugunsten der Herausarbeitung des Trends einer Zeitreihe auszu-gleichen. Das ist die Methode der „gleitenden Mittel-werte", die sich wie die Einzeldaten über die gesamte Zeitreihe erstrecken, aber jeweils aus den Daten einer gesamten Zykluslänge errechnet werden. Im Fall der gemeldeten Neuinfektionen mit ihrem Wochenzyklus waren das deshalb 7-Tage-Mittelwerte. Diese stellen einen Kompromiss dar zwischen der Tagesaktualität und dem beobachteten Rhythmus der Zahlen an Testungen und Meldungen. Der Erfolg dieser Methode beim Ausgleich der Tagesschwankungen lässt sich in Abb. 9.1 unschwer erkennen.

---

[8] https://covid19-dashboard.ages.at/; Zugegriffen: 22.01.2021.

Zur Ermöglichung des Vergleichs der Entwicklungen in verschiedenen Regionen wurde ferner täglich die Gesamtzahl an neuen Positivfällen der vergangenen sieben Tage als „7-Tage-Inzidenz" jeweils auf eine einheitliche Bevölkerungsgröße von 100.000 bezogen. Lockerungen von Maßnahmen wurden im Laufe der Pandemie von dieser Zahl und nicht mehr von den einzelnen, tageweise stark schwankenden Zahlen abhängig gemacht. Dabei galt es natürlich immer, auch ein unterschiedlich starkes Testaufkommen in die Überlegungen miteinzubeziehen. Das Betrachten solch offizieller Fallzahlen ermöglichte jedenfalls das Erfassen der globalen Dimension der Pandemie.

Eine der zentralen Kennzahlen zum Verständnis einer Pandemie ist die sogenannte effektive Reproduktionszahl R_{eff}. Während die Basisreproduktionszahl R_0 angibt, an wie viele andere Personen eine infizierte Person im Schnitt das Virus weitergibt, wenn die gesamte Bevölkerung gleichermaßen empfänglich ist, soll R_{eff} die jeweils tatsächliche Verbreitung – also unter Berücksichtigung aller Maßnahmen inklusive des Impffortschritts – widerspiegeln. Diese Zahl ist natürlich nicht beobachtbar und muss daher aus den vorhandenen epidemiologischen Daten geschätzt werden. Dafür gibt es zahlreiche statistische Verfahren (siehe etwa Gostic et al., 2020). Während sich die AGES für ein komplexes, modellbasiertes, Bayes'sches Schätzverfahren entschieden hatte (siehe Richter et al., 2020[9]), wurde vom RKI eine wesentlich einfachere Methode eingesetzt. Unter der Annahme der Infektiosität einer Person über im Mittel vier Tage wurde der jeweils aktuelle Wert von R_{eff} durch

---

[9] Auf https://www.epimath.at/ findet sich ein von einer anderen Gruppe betriebenes Simulationstool unter Verwendung dieser Methode; Zugegriffen: 30.09.2021.

den Quotienten aus der Anzahl der gemeldeten Neuinfektionen der Tage 5 bis 12 und jener der Tage 9 bis
16 vor dem aktuellen Datum geschätzt (siehe an der
Heiden & Hamouda, 2020). Abb. 9.2 gibt sowohl die
offizielle AGES-Schätzung von R_{eff} als auch die nach der
RKI-Methode durchgeführte für Österreich im Zeitraum
März 2020 bis September 2021 wieder. Man kann nur
sehr geringfügige, für die epidemiologische Einschätzung
unbedeutende Abweichungen erkennen – es geht ja hierbei im Wesentlichen darum, ob der Wert 1 unter- oder
überschritten wird. Dies ist ein ausgezeichnetes Beispiel
dafür, dass aus Gründen der Praktikabilität einfacheren
statistischen Verfahren gegenüber komplexeren auch mal
der Vorzug gegeben werden kann.

Ein weiteres Problem ist, dass die verwendeten Fallzahlen zu keiner Zeit das gesamte Infektionsgeschehen
widerspiegelten (siehe etwa Manski & Molinari, 2021).
Denn abgesehen von den dezidiert auf asymptomatische
Personen abzielenden Massentests oder Screenings unter
Urlaubsheimkehrer:innen wurden während der Pandemie
nur Verdachtspersonen PCR-getestet, viele asymptomatisch
erkrankte, virentragende und -verbreitende Personen hingegen niemals. Hinsichtlich der in Abb. 9.1 dargestellten
Fallzahlen war aus diesem Grund eines sicher: Sie unterschätzten während der gesamten Pandemie die tatsächliche
„Prävalenz" (siehe Kap. 3). Unter diesem Begriff bezeichnet
man in der medizinischen Statistik oder in der Epidemiologie
die Häufigkeit einer bestimmten Krankheit oder Infektion
in der Bevölkerung zu einem gegebenen Zeitpunkt. Zur
Schätzung der Größenordnung der unerfassten Personen,
der „Dunkelziffer", wurde in Österreich bereits Anfang
April 2020 erstmals eine COVID-19-Prävalenzstudie auf

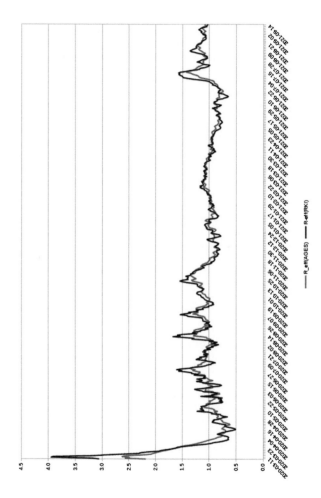

Abb. 9.2 Schätzung der effektiven Reproduktionszahl in Österreich nach AGES und RKI-Methode

Stichprobenbasis durchgeführt.[10] Für diese Studie wurden 2880 Personen aus der für diese Erhebung bestimmten Zielpopulation der nichthospitalisierten Wohnbevölkerung nach einem komplexen Zufallsstichprobendesign ausgewählt (vgl. zu komplexen Stichprobendesigns etwa: Quatember, 2019). 1544 davon ließen sich testen. Das ergab eine Teilnehmer:innenrate von 53,6 %. Nur sechs dieser 1544 Testungen fielen positiv aus. Die Testergebnisse der Stichprobenpersonen wurden nach den Regeln der Survey-Statistik (siehe Kap. 4) individuell gewichtet. Mit diesen Gewichten wird sowohl die wegen der Stichprobenerhebung nötige Hochrechnung auf die Zielpopulation als auch die aufgrund der in verschiedenen Bevölkerungsgruppen unterschiedlichen Teilnehmer:innenrate nötige Kompensierung für Antwortausfälle gewährleistet. Mit den sich so ergebenden „Repräsentationsgewichten" der sechs positiv getesteten Personen errechnete sich ein Schätzer für die Anzahl von aktiv Infizierten von ca. 28.500 Personen oder 0,33 %. Dies überstieg die Zahl der zu diesem Zeitpunkt gemeldeten Positivfälle um das 3,3-fache.

Eine positiv getestete Person mehr oder weniger in der Stichprobe hätte die Schätzung der Gesamtzahl der Infizierten inklusive Dunkelziffer in der Zielpopulation durchschnittlich um rund 5600 Personen erhöht bzw. verringert. Um diese hohe Stichprobenungenauigkeit in der Schätzung der Gesamtzahl der Infizierten widerzuspiegeln, wurde ein Konfidenzbereich (siehe Kap. 4), genauer gesagt ein sogenanntes exaktes „Clopper-Pearson-Intervall" berechnet, das ohne Annäherung durch die Normalverteilung auskommt (Clopper & Pearson, 1934). Damit ergab sich für den Anteil an tatsächlich

---

[10] https://www.sora.at/nc/news-presse/news/news-einzelansicht/news/covid-19-praevalenz-1006.html; Zugegriffen: 01.09.2020.

aktiv infizierten Personen (inklusive Dunkelziffer) ein 95 %-Prozent-Intervall von 0,12 bis 0,77 %. In absoluten Zahlen entspricht dies einem Bereich von rund 10.000 bis ca. 67.000 Personen. Damit kannte man nun immerhin die ungefähre Größenordnung der tatsächlich gerade aktiv Infizierten und der Dunkelziffer. Ein größerer Stichprobenumfang hätte zwar einerseits genauere Ergebnisse geliefert, aber die dafür notwendige zeitliche Ausdehnung der Feldarbeit hätte das Ergebnis andererseits dadurch verwässert, dass man den zeitlich eng eingrenzbaren Vergleichszeitraum in der Gemeldetenstatistik verloren hätte.

Zweimal noch im Frühjahr und einmal im Herbst 2020 wurden in Österreich durch das nationale Statistikinstitut „Statistik Austria" weitere diesbezügliche Studien durchgeführt. Für die erste dieser drei Stichprobenerhebungen wurden Ende April 2800 Personen nach einem komplexen Zufallsstichprobenverfahren aus der Zielpopulation der in Privathaushalten lebenden über 15-jährigen Wohnbevölkerung ausgewählt.[11] Es ließen 1432 Personen davon, das sind 51,1 %, den PCR-Test über sich ergehen. Als Folge der Abnahme der Fallzahlen im April 2020 wurde nur mehr eine einzige der 1432 Personen positiv auf den Virus getestet. Diese einzige positive Testperson wies ein Repräsentationsgewicht von 3420 auf, woraus sich eine Prävalenzschätzung von einem halben Promille der Zielpopulation errechnete. Als aussagekräftige Obergrenze eines 95 %-Konfidenzintervalls wurde eine Zahl von rund 11.000 aktiv Infizierten errechnet. Die Obergrenze für die Schätzung des Multiplikators zur Einbeziehung der Dunkelziffer aus den offiziell gemeldeten Zahlen lag damit bei etwa 3,6. Zu einer wesentlich höheren Dunkelziffer im

[11] http://www.statistik.at/web_de/statistiken/menschen_und_gesellschaft/ gesundheit/covid19/index.html; Zugegriffen: 01.09.2020.

gleichen Zeitraum kommt allerdings die Studie von Hirk et al. (2020).

Angesichts weiter deutlich sinkender offizieller Zahlen in dieser ersten Abklingphase der Pandemie war für die für Ende Mai 2020 geplante Stichprobenerhebung vorherzusehen, dass darin wohl überhaupt niemand mehr positiv getestet werden würde. Eine Verschiebung auf einen späteren, virologisch interessanteren Zeitpunkt mit wieder steigenden Fallzahlen wäre somit nahegelegen. Unter 3720 zufällig ausgewählten Personen waren diesmal nur mehr 1279 willig, das sind 34,4 %, sich dem PCR-Test zu unterziehen.[12] Bei einem Stichprobenumfang von 1279 Personen lag die Wahrscheinlichkeit für keinen einzigen positiven Testbefund unter der Annahme einer Prävalenz von 0,1 Promille bei fast 90 %. Die Realität hielt sich an diese statistische Erwartung und es wurde in dieser Studie tatsächlich niemand mehr gefunden, der einen positiven PCR-Test lieferte. Die Expert:innen der Statistik Austria präsentierten in ihrem Bericht eine daraus für den Erhebungszeitraum abgeleitete Obergrenze von 3000 Aktivinfektionen. Der österreichische Kabarettist Michael Niawarani kommentierte dies im Podcast „Alles außer Corona" auf sarkastische Weise:

> *„In Österreich wurde eine Stichprobe gemacht von 1300 Menschen, ob sie Corona haben oder nicht. Bei dieser Stichprobe gab es wie viele Infizierte? – Null! Im nächsten Satz ist gestanden: Daraus schließen die Experten, dass die Dunkelziffer nur noch bei 3000 liegt. Jetzt meine Frage: Ich habe gestern eine Stichprobe gemacht. Ca. 2000 Leute habe ich gefragt, ob sie vom Mars kommen. Es waren dabei null. Jetzt rechne ich das hoch. Ich schätze die Dunkelziffer, dass es ungefähr 3000 Marsmännchen in Österreich gibt. Sag*

---

[12] http://www.statistik.at/web_de/presse/123399.html; Zugegriffen: 01.09.2020.

einmal, sind die deppert? Jetzt versteh' ich überhaupt nichts
mehr. Wenn ich eine Stichprobe mache und es kommt null
*heraus, wie komme ich dann auf die 3000?"*13

Lassen Sie uns das erklären: Im Zeitfenster dieser
Erhebung waren rund 380 Personen offiziell als Positivfälle
registriert. Aus dem Stichprobenergebnis von null positiv
Getesteten wurde nicht geschlossen, dass es 3000 Corona-
Fälle gibt, sondern dass die *Obergrenze* dafür 3000 ist.
Wie hat man sich das vorzustellen? Es war *deshalb* keine
einzige Person in der Stichprobe positiv, weil nur ein sehr
kleiner Teil der Population, aber nicht niemand, infiziert
war. Durch Einbeziehung weiterer Vorinformationen
wie z. B. der Schätzung des Multiplikators zur Mitein-
beziehung der Dunkelziffer aus der vorhergehenden
Erhebung und der Entwicklung der seither gemeldeten
Aktivfälle lässt sich als Obergrenze für die tatsächliche
Zahl an Aktivinfizierten jene Zahl bestimmen, bei der mit
einer Wahrscheinlichkeit von 0,95 kein einziger Fall in der
Stichprobe aufgetreten wäre. Dies ergab die genannte Zahl
von rund 3000 Personen. Solche Hilfsinformationen über
Anzahlen tatsächlich gefundener Außerirdischer lagen bei
Niawaranis „Marsmännchenrechnung" nicht vor.
 Bei der dritten, dann erst während der zweiten
Pandemiewelle in Österreich durchgeführten Prä-
valenzstudie im November 2020 wurden unter 7823
zufällig ausgewählten Personen 2263, das sind 28,9 %,
PCR-getestet. In dieser Studie wurden positive Proben
sogar ein zweites Mal analysiert, um den Befund zu
bestätigen. Wegen des zu diesem Zeitpunkt im Vergleich

---

13 https://www.youtube.com/watch?v=pR1R62dPadU (ab Minute 46:50);
Zugegriffen: 01.09.2020.

zum Frühjahr 2020 deutlich stärkeren Infektionsgeschehens wurden 72 Personen positiv getestet. Mit
den Repräsentationsgewichten dieser 72 Stichprobenpersonen ergab sich eine Schätzung von 233.000 Aktiv-
fällen, was einer Prävalenz von 3,1 % entsprach.[14] Das
95 %-Konfidenzintervall für die tatsächliche Anzahl an
Aktivinfektionen in der Zielpopulation umfasste 195.000
bis 261.000 Personen.

Auf Basis der Repräsentationsgewichte der 24 bereits
registrierten Fälle unter den 72 gefundenen wurde die
Anzahl der im Erhebungszeitraum offiziellen Aktivfälle
durch die Stichprobe auf knapp 86.000 geschätzt. Die
restlichen 147.000 geschätzten Fälle wären demnach bislang unerkannt gewesen. In Deutschland wurde im
Herbst 2020 eine Dunkelzifferstudie in das Erhebungs-
design des Sozio-oekonomischen Panels eingebettet. Auch
in dieser Studie ergab sich eine ähnliche Größenordnung
bezüglich der Dunkelziffer (Rendtel et al., 2021).

Es stellte sich im Nachhinein heraus, dass in der
Stichprobe die bereits offiziell registrierten Fälle zufällig
annähernd exakt repräsentiert waren (vgl. Kowarik
et al., 2022, S. 37). Das Vorliegen von für die Qualität von Schätzern wertvoller Hilfsinformationen wie
eben hier die Anzahl x an tatsächlich registrierten Aktiv-
fällen hätte im Falle einer *Über*schätzung von x durch
die Schätzung y dieser registrierten Fälle aus der Stichprobe noch in die Schätzung der Gesamtzahl der Aktivfälle einfließen können: Unter der vermuteten Annahme
höherer Teilnahmebereitschaft bereits bekannter aktiv

---

[14] https://www.statistik.at/web_de/statistiken/menschen_und_gesellschaft/
gesundheit/covid19/covid19_praevalenz/index.html; Zugegriffen: 25.01.2021.

Infizierter wäre es dann etwa naheliegend gewesen, von den ohne dieser Zusatzinformation aus der Stichprobe hochgerechneten 233.000 Gesamtfällen einfach die überschätzten registrierten Fälle ($y - x$) abzuziehen. Wäre es aber plausibel gewesen, dass die gezogene Stichprobe hinsichtlich der Infektionen insgesamt und nicht nur hinsichtlich der bereits bekannten Fälle verzerrt war (weil zum Beispiel diejenigen ohne aktuellen PCR-Test, die zur Gruppe mit höherem Infektionsrisiko gehörten, die Gelegenheit zur Testung eher nutzen wollten als diejenigen mit niedrigerem Risiko), dann hätte man auch einen durch *dieses* Modell der Teilnahmebereitschaft unterstützten Schätzer berechnen können. Unter der Annahme, dass in der Stichprobe die nichtregistrierten Fälle im selben Verhältnis überrepräsentiert wären wie die registrierten, lässt sich dafür etwa der „Verhältnisschätzer" verwenden (vgl. etwa: Quatember, 2019, Abschn. 4.1.1). Dazu wäre die ursprünglich geschätzte Zahl von 233.000 Gesamtfällen um das Verhältnis der Überschätzung der bereits registrierten Fälle von $x:y$ nach unten zu korrigieren gewesen. Dies hätte zu einer unter *diesem* Modell gültigen Schätzung geführt. Welcher Ansatz tatsächlich verwendet wird, hängt von der Einschätzung der Plausibilität der möglichen Modelle des Teilnahmeverhaltens ab. Wer solche modellunterstützten Schätzer verwendet, muss bei den Ergebnissen diese Annahmen natürlich anführen, um den Interessierten eine Einschätzung der Plausibilität der verwendeten Modelle zu ermöglichen. Die Verwendung für den Untersuchungsgegenstand relevanter Zusatzinformationen kann jedenfalls in die Schätzung einfließen und deren Genauigkeit bei Zutreffen des gewählten Modells erhöhen.

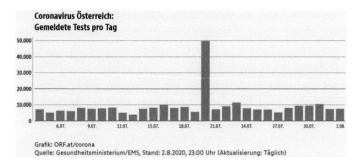

Grafik: ORF.at/corona
Quelle: Gesundheitsministerium/EMS, Stand: 2.8.2020, 23.00 Uhr (Aktualisierung: Täglich)

Abb. 9.3 Die Nivellierung der Anzahl an täglich gemeldeten Tests wegen eines Ausreißers[15]

9.3   Testen, Testen, Testen

Durch Nachmeldungen, die man statistisch durch sogenannte „Nowcasts" zu beheben versucht (siehe etwa: Günther et al., 2021) kam es immer wieder zu Datenqualitätsproblemen. Dies erschwerte die Beurteilung sowohl der Notwendigkeit von härteren Maßnahmen als auch des Risikos von Öffnungsschritten. Auch in der Zeitreihe der täglich gemeldeten durchgeführten PCR-Testungen, die mit den Zahlen an gemeldeten Neuinfizierten in Verbindung gebracht wurden (wer mehr testete, fand mehr), gab es immer wieder Ausreißer wie etwa die beinahe 50.000 österreichischen Meldungen vom 20.07.2020. An diesem Tag wurden von einem Bundesland schon länger zurückliegende, noch nicht offiziell gemeldete Testungen verspätet nachgemeldet. Die Inkludierung dieser die Testungen an diesem Tag nicht wiedergebenden Zahl in der Weise wie in Abb. 9.3 machte es aufgrund der sich an der dazugehörenden Säulenhöhe orientierenden Skalierung nahezu unmöglich,

---

[15] https://orf.at/corona/stories/3157533/; Zugegriffen: 03.08.2020

die detaillierte Entwicklung der täglichen Testzahlen an den anderen 29 Tagen in der Grafik nachvollziehen und beispielsweise mit der parallelen Entwicklung der Neuinfektionen in Beziehung setzen zu können. Erst Monate später wurden solche Ausreißer aus den Visualisierungen entfernt.

Einen Teil der Dunkelziffer doch auch individuell zu identifizieren und aus dem (Virus-)Verkehr zu ziehen, war der Zweck der z. B. in Österreich ab Mitte Dezember 2020 organisierten Massentestungen. Dabei gab es medial Unklarheiten darüber, wie die Beteiligung der Bevölkerung zu berechnen war:

„315.281 Oberösterreicher haben von Freitag bis gestern Montag … die Gelegenheit wahrgenommen, sich kostenlos auf eine Corona-Infektion testen zu lassen. Das sind 25,2 Prozent der „testfähigen“ Bevölkerung. Denn bestimmte Gruppen, wie etwa noch nicht schulpflichtige Kinder und Alten- und Pflegeheimbewohner, wurden in die Massentests nicht miteinbezogen. Auch Menschen, die bestimmte blutverdünnende Medikamente einnehmen müssen, durften nicht mitmachen. Das ergibt eine Grundgesamtheit von rund 1,25 Millionen Menschen – bei einer Gesamtbevölkerung von knapp 1,45 Millionen Oberösterreichern. Rechnet man die knapp 26.000 Lehrer und mehr als 3000 Polizisten hinzu, die sich eine Woche zuvor testen ließen, wurden in Oberösterreich insgesamt 344.369 Antigen-Tests ausgewertet. Das hebt die Teilnahmequote auf 27,5 Prozent. … Rund zwei Millionen – oder 22,6 Prozent – der etwa 8,86 Millionen Österreicher sind in den vergangenen beiden Wochen zur ersten Tranche der Massentests erschienen. … Mit einer Teilnahmequote von 27,5 Prozent liegt Oberösterreich dabei über dem Bundesschnitt. “[16]

---

[16] https://www.nachrichten.at/oberoesterreich/ein-viertel-der-landsleute-ging-zum-test;art4,3332118; Zugegriffen: 14.01.2021.

Was für ein Zahlenchaos! Dabei geht es doch lediglich um den Anteil derer, die sich an den Corona-Massentests beteiligt haben. Beim Berechnen eines Anteils einer bestimmten Eigenschaft in einer Population gibt es nur zwei mögliche Fehlerquellen: den Zähler und den Nenner. Für den Zähler hat man zu zählen, wie viele Personen diese Eigenschaft aufweisen. Im Nenner gibt man an, wie viele Personen einer 100-%igen Beteiligung entsprächen.

Wenn sich die laut dem Zeitungsartikel bereits eine Woche zuvor getesteten Berufsgruppen der Lehrer:innen und Polizist:innen an der allgemeinen Testwoche nicht erneut beteiligten, muss man diese Gruppe von etwa 29.000 Personen bei der Anteilsberechnung mitberücksichtigen. Dies kann man tun, indem man sie im Zähler als ebenfalls Massengetestete dazu addiert oder indem man sie im Nenner von der in der Testwoche testfähigen Bevölkerung abzieht. Im ersten Fall erhält man dann eine Beteiligung der testfähigen Population von 27,5 % am allgemeinen (diese Berufsgruppentestungen inkludierenden) Massentest. Im zweiten ergibt sich eine Beteiligungsquote von 25,8 % am allgemeinen Massentest ohne diese Berufsgruppen. Beides ist erlaubt. Man muss natürlich die Art der Miteinbeziehung der Berufsgruppen der Lehrer:innen und Polizist:innen bekanntgeben. Sie weder im Zähler dazuzuzählen noch im Nenner abzuziehen ergibt eine unsinnige Beteiligungsquote von 25,2 %. Eine 100-%ige Beteiligung wäre in diesem Fall nämlich nur dann möglich gewesen, wenn sich alle schon in der Woche davor getesteten Lehrer:innen und Polizist:innen auch an den allgemeinen Massentests beteiligt hätten.

Der Vergleich der Teilnehmer:innenquote in Oberösterreich mit jener in ganz Österreich geht indes vollends in die Hose. Man bezieht die ca. 2 Mio. Massengetesteten (inklusive der Lehrer:innen und Polizist:innen) in ganz Österreich nämlich nicht wie bei der Teilnehmer:innenquote von 27,5 % des Bundeslands Oberösterreich auf die testfähige österreichische Wohnbevölkerung, sondern auf die österreichische Gesamtbevölkerung von 8,86 Mio., von denen ein nicht kleiner Teil wie die Kinder oder die Bewohner:innen von Alten- und Pflegeheimen von der Teilnahme dezidiert ausgeschlossen waren. Gäbe es in Österreich aber denselben Anteil testfähiger Personen an der Gesamtbevölkerung wie im Bundesland Oberösterreich, dann ergäbe der Nenner für Österreich nicht 8,86 Mio., sondern nur 7,64 Mio. Die Teilnehmer:innenquote für ganz Österreich, mit der man dann erst die auf gleiche Weise berechnete Bundeslandquote von 27,5 % vergleichen könnte, würde 26,2 % und nicht 22,6 % betragen! Das Bundesland lag also tatsächlich wohl nur geringfügig über dem so korrekt berechneten Bundesschnitt!

Die Verwendung der im Vergleich zu den PCR-Tests fehleranfälligeren Antigen-Schnelltests bei den Massentestungen führte zu Schlagzeilen wie dieser: „Jeder zweite positive Antigentest in Wien war falsch positiv".[17] Offenbar unter dem Eindruck dieser Größenordnung an falsch-positiven Befunden riet eine Politikerin mit der befremdlichen Begründung, dass „wer … die Weihnachtsfeiertage nicht in Quarantäne verbringen, sondern lieber ‚ungestört' Verwandte besuchen will, von einem Test Abstand nehmen (sollte)", davon ab, sich an den Tests zu beteiligen.[18] Unterziehen wir diese Argumentation mit der Waffe des statistischen Sachverstands einem Faktencheck: Angenommen, 0,3 % aller mit dem Antigentest getesteten

---

[17] https://www.diepresse.com/5909156/jeder-zweite-positive-antigentest-in-wien-war-falsch-positiv; Zugegriffen: 14.01.2021.

[18] https://www.diepresse.com/5902740/fpo-ruft-indirekt-zum-boykott-des-corona-massentests-auf; Zugegriffen: 14.01.2021.

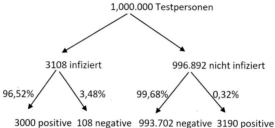

Abb. 9.4 Die Aufteilung von einer Million Testpersonen nach den Merkmalen Infektion und Ergebnis beim Antigentest

Personen wären nach einem positiven Befund durch den in solchen Fällen zur Befundbestätigung zwingend vorgesehenen PCR-Test bestätigt worden. Für einen Antigentest der Firma Roche gilt nun beispielsweise eine Testsensitivität (siehe Kap. 3) von 96,52 % und eine Testspezifität von 99,68 %.[19] Damit ergäbe sich bei einer Million Testpersonen im Bevölkerungsscreening Abb. 9.4, wenn man von den $1,000.000 \cdot 0,003 = 3000$ durch den PCR-Test bestätigten positiv Antigengetesteten ausgehend zuerst die Gesamtzahl der Infizierten hochrechnet und dann daraus jene der Nichtinfizierten und die Zahl der falsch-positiven Fälle ableitet:

Von einer Million Testpersonen wären demnach 3108 tatsächlich infiziert. Von diesen würden durchschnittlich 96,52 % auch mit dem Antigentest positiv getestet werden. Das ergäbe die 3000 Personen mit positiven Antigentests. 108 Infizierte blieben unerkannt. In der großen Masse der Nichtinfizierten (996.892) unter den eine Million Getesteten würden sich aber irrtümlich auch

---

[19] https://a.storyblok.com/f/94122/x/07638aba23/1-40338-2_onepager_sars-cov-2_a4_v2_low_ksc-c-roche.pdf; Zugegriffen: 14.12.2020.

durchschnittlich 0,32 % positive Antigentests finden. Das sind wegen der großen Zahl an Nichtinfizierten 3190 Personen. Wenn nun eine Person mit dem Antigentest positiv getestet würde, dann würde sie entweder zur Gruppe der 3000 positiv Antigengetesteten gehören, die tatsächlich infiziert sind (= korrekt-positiv), oder zur Gruppe der 3190 positiv Getesteten, die tatsächlich nicht infiziert sind (= falsch-positiv). Somit war von vornherein mit einem Ergebnis wie in der Schlagzeile zu rechnen. Gerade deshalb war nach einem positiven Antigentestergebnis aber auch noch ein verpflichtender PCR-Test anzuschließen, um den Schnelltestbefund dadurch abzusichern. 3000 der (unter den angenommenen eine Million Testpersonen) insgesamt 6190 Positiven vom Antigentest würden schließlich durch einen PCR-Test bestätigt und in Quarantäne geschickt werden. Den 3190 Antigentestpositiven mit negativem PCR-Test bliebe die virologisch nicht gerechtfertigte Quarantäne erspart. Von den irrtümlich positiv schnellgetesteten Personen würde somit durch die zusätzliche Absicherung mit einem PCR-Test keine einzige unbegründet die Weihnachtsfeiertage in Quarantäne verbringen müssen. Gleichzeitig würde auf diese Weise auch vermieden, dass sich die beim Antigentest falsch-positiv Getesteten in der Folge als „Genesene" in falscher Sicherheit wiegen und mit einem diesbezüglichen Zertifikat weiter zum Infektionsgeschehen beitragen könnten. Wie würden Sie nach diesem Faktencheck die Statistical Literacy der Politikerin auf einer Skala von 1 bis 10 beurteilen?

Die eigentliche Rechtfertigung für die wegen des anfänglichen Nichtvorhandenseins von Impfstoffen und Medikamenten auf Rat der Expert:innen aus Medizin und Mathematik eingeführten nichtpharmazeutischen Schutzmaßnahmen vor einer ungezügelten Ausbreitung des Virus war allerdings, dass sich nicht zu viele Menschen gleichzeitig anstecken sollten. Dadurch sollte vermieden werden, dass zu irgendeinem Zeitpunkt die im jeweiligen Gesundheitswesen vorhandenen Kapazitätsgrenzen in den Spitälern überschritten werden, wodurch es zu einer sogenannte „Triage" kommen würde, also zur Notwendigkeit, darüber zu befinden, wer von den eingelieferten Patient:innen eine lebensrettende Maßnahme erhalten soll und wer nicht (siehe Abb. 9.5).

Dafür war die Entwicklung der Auslastung der Normal- und Intensivbetten zu beobachten. Anders als bei den durch die Dunkelziffer der COVID-19-Erkrankungen systematisch unterschätzten Anzahlen an Neu- und Aktivinfektionen war die Datenqualität bezüg-

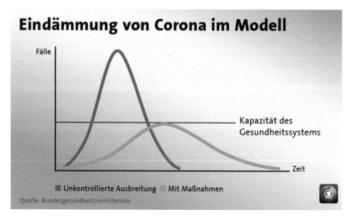

Abb. 9.5 Verschiedene Modelle der Ausbreitung des Corona-Virus in Hinblick auf die Spitalsbettenbelegungen[20]

---

[20] https://www.tagesschau.de/inland/corona-entwicklung-interview-101.html; Zugegriffen: 06.04.2020

lich der Spitalsauslastungen gewährleistet, sofern diese
Daten tagesaktuell in das System eingetragen wurden.
In Österreich haben beispielsweise beide Raten während
des Zeitraums von 2020 bis Jänner 2022 wegen der
getroffenen Maßnahmen niemals 70 % überschritten.[21]

Ihre dramatische Zuspitzung erhielten diese Aus-
lastungsraten durch die täglich veröffentlichten Todeszahlen. Die diesbezüglich hohe Datenqualität war mit
jener bei den Spitalsbettenbelegungen vergleichbar,
sofern es nicht zu viele mit Corona Verstorbene gibt, die
unerkannt geblieben sind. Die Grafik von Abb. 9.6, für
die man geradezu einen eigenen Namen erfinden müsste,
sollte anscheinend nicht nur die Entwicklungen der tages-
aktuellen Todeszahlen von sieben Ländern während eines
Zeitraums von drei Monaten „veranschaulichen", sondern
gleichzeitig auch jene ihrer diesbezüglichen Wachstumsraten. Dieses Unterfangen endete erkennbar in einem
tornadoartigen informationsgrafischen Totalschaden.
Zwei einfache, getrennte klassische Zeitreihen der Verläufe wären dieser Visualisierungsaufgabe wesentlich besser
nachgekommen.

Zudem gab es dafür, was überhaupt als Corona-Todesfall zu zählen war, keine weltweit gültige Definition. In
Österreich z. B. wurden zwei unterschiedliche Zählweisen
angewendet.[22] Zum einen wurde auf der Webseite des
Gesundheitsministeriums jede verstorbene Person als
Todesfall gezählt, „die zuvor COVID-positiv getestet
wurde, … unabhängig davon, ob sie direkt an den Folgen
der Viruserkrankung selbst oder ‚mit dem Virus' (an

---

[21] https://de.statista.com/statistik/daten/studie/1155556/umfrage/auslastungs-
grad-von-normal-und-intensivbetten-durch-corona-patienten-in-oesterreich/;
Zugegriffen: 11.02.2022.

[22] https://info.gesundheitsministerium.at/dashboard_GenTod.html?l=de;
Zugegriffen: 01.09.2020.

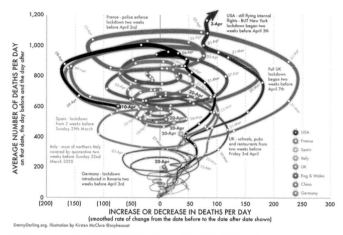

Mortality in seven countries attributed to COVID-19 (January 23 to April 20, 2020) Danny Dorling, Author provided

Abb. 9.6 Ein „Informationstornado" zur gleichzeitigen Darstellung der Entwicklung der Todesfälle und ihrer Wachstumsraten in sieben Ländern über drei Monate[23]

einer potentiell anderen Todesursache) verstorben" war.[24] Zum anderen wurden nur jene Fälle als gemäß dem Epidemiegesetz bestätigte Todesfälle ausgewiesen, die im Epidemiologischen Meldesystem veröffentlicht wurden. Dort wurden aber nur jene Fälle erfasst, die amtsärztlich bescheinigt *an* und nicht *mit* COVID-19 verstorben sind. Die Zahlen nach den beiden unterschiedlichen Definitionen unterschieden sich jedoch nur geringfügig voneinander. In Deutschland ergab eine Untersuchung von Obduktionsergebnissen aus den Jahren 2020 und 2021, dass sich unter rund 1100 *mit* dem Virus Ver-

---

[23] https://theconversation.com/three-charts-that-show-where-the-coronavirus-death-rate-is-heading-137103; Zugegriffen: 01.09.2020.

[24] https://www.sozialministerium.at/Informationen-zum-Coronavirus/Neuartiges-Coronavirus-(2019-nCov).html; Zugegriffen: 01.09.2020.

storbenen eine überwiegende Mehrheit von 86 % befand, bei denen COVID-19 als zugrunde liegende Todesursache bezeichnet wurde.[25]

Solche Definitionsprobleme sind im Übrigen keineswegs ungewöhnlich. Man denke nur an die Arbeitslosenstatistik. Auch hierbei gibt es weltweit mehr oder weniger große Unterschiede in den Definitionen von Arbeitslosigkeit. In Österreich beispielsweise werden die durch die europäische Statistikbehörde „Eurostat" einheitlich vorgegebene EU-Definition und eine davon abweichende, nationale verwendet und dementsprechend zwei unterschiedliche Arbeitslosenraten berechnet. Diese unterscheiden sich vor allem in Hinblick auf die Definition der Erwerbstätigkeit, die auf EU-Ebene mehr Personen erfasst. Beide Arbeitslosenraten sind aber bezogen auf die jeweiligen Definitionen korrekt. Die bei Einführung der zweiten Definition coronabedingter Todesfälle in einer Tageszeitung zu lesende Schlagzeile „Die Corona-Statistik lässt Tote auferstehen" ist eine unangemessene journalistische Pointe, da einige der in der weiter gefassten Definition vorhandenen Todesfälle ja in der enger gefassten nicht wieder lebendig, sondern lediglich einer anderen Todesursache zugeordnet wurden.[26]

Im vom Corona-Virus besonders hart getroffenen Italien wiederum wurden (zumindest anfangs) überhaupt nur jene *mit* dem Virus verstorbenen Personen als Corona-Todesfälle geführt, deren Tod in Krankenhäusern und Pflegeheimen eintrat (vgl. etwa: Rizzo et al., 2020, S. E1). In Großbritannien wurden bis Ende April 2020 nur jene

---

[25] https://www.deutschlandfunk.de/die-meisten-menschen-in-deutschland-starben-an-und-nicht-nur-mit-dem-corona-virus-106.html; Zugegriffen: 24.02.2022.

[26] https://www.diepresse.com/5800498/die-corona-statistik-lasst-tote-auf-erstehen; Zugegriffen: 01.09.2020.

COVID-19-Toten in den veröffentlichten Statistiken ausgewiesen, die in Krankenhäusern des Nationalen Gesund-
heitssystems im Zusammenhang mit dieser Erkrankung
aufgetreten sind. Auf Basis der Vergleichszahlen des
nationalen Statistikinstituts „Office for National Statistics",
das bei der Zählung der Totenscheine in England und
Wales für eine Berichtswoche im April 2020 mehr als
doppelt so viele Tote als im Durchschnitt der letzten fünf
Jahre zum selben Zeitraum feststellen musste, wurden die
offiziellen Zahlen später deutlich nach oben korrigiert.[27]

Angesichts der Definitionsproblematik waren länder-
übergreifende Vergleiche, wie sie etwa auch in Abb. 9.6
intendiert waren, nur bedingt möglich. Unter Berücksichtigung der Bevölkerungsgrößen wies Mitte Jänner
2021 auf 100.000 Einwohner:innen gerechnet beispielsweise das Vereinigte Königreich nach *seiner* Zählweise 133
Corona-Verstorbene auf, Schweden nach *seiner* 102, die
Vereinigten Staaten nach *ihrer* 120, der Iran nach *seiner*
68, Deutschland nach *seiner* 56 und Österreich 80.[28] Nur
innerhalb der Länder konnte die Entwicklung der Zahlen
unter den jeweils vorgegebenen Definitionen als Zeugnis
für die Wirksamkeit der getroffenen Entscheidungen
interpretiert werden.

Eine Möglichkeit, die Zahl der wirklich *am* (und nicht
nur *mit* dem) Corona-Virus verstorbenen Personen zu
bestimmen, besteht in der Betrachtung der sogenannten
Übersterblichkeit. Darunter wird die Erhöhung der
Sterbezahlen in einem bestimmten Zeitraum des Jahres
im Vergleich zum selben Zeitraum in den Jahren davor in

---

[27] https://www.derstandard.at/story/2000117197986/negativ-rekord-in-gross-
britannien-bei-corona-todeszahlen; Zugegriffen: 01.09.2020.
[28] https://www.derstandard.at/story/2000120049733/aktuelle-zahlen-
coronavirus-oesterreich-corona-ampel-in-ihrem-bezirk; Zugegriffen: 13.01.2021.

der Regel nach Bereinigung des Effekts der Änderung der Bevölkerungsstruktur verstanden. Dabei handelt es sich um ein ähnliches Prinzip wie in Kap. 5, also die Analyse von Abweichungen von einem Modellzustand.

Aber auch dabei sind direkte kausale Interpretationen dieser Differenzen nur bedingt möglich, unterscheiden sich die verglichenen Zeiträume doch nicht nur durch die COVID-19-Todesfälle. Die in vielen Ländern zur Eindämmung getroffenen Maßnahmen haben sich durchaus vielfältig auf die Sterbestatistiken ausgewirkt. So führten beispielsweise die Ausgangsbeschränkungen und der starke Umstieg auf Home-Office zu einer deutlichen Reduzierung des Straßenverkehrs und ergo von tödlichen Verkehrsunfällen. Die Maßnahmen wie Maskentragen und Abstandhalten führten einerseits wegen ihrer Wirksamkeit auch in Bezug auf das Influenza-Virus zu einer drastischen Verringerung an influenzabedingten Todesfällen (siehe weiter unten). Die angeordnete physische und soziale Isolation wiederum ließ andererseits in manchen Ländern die Selbstmordrate ansteigen und konnte auch noch längere Zeit nachwirken.[29] Das Meiden von Krankenhäusern und die Drosselung ihres Betriebs resultierte möglicherweise in einer Mangelversorgung, wodurch andere Todesursachen höhere Fallzahlen aufwiesen als zuvor. All dies müsste in Analysen der Mortalitätsstatistiken zur Feststellung der Zahl der tatsächlich an COVID-19 verstorbenen Personen miteinbezogen werden. In den vom Corona-Virus in Italien am stärksten betroffenen Gebieten starben beispielsweise von Anfang März bis Anfang April des Jahres 2020 über 41.000 Personen (vgl. Rizzo et al., 2020). Das

---

[29] https://www.dw.com/de/mehr-selbstmorde-in-japan-durch-pandemie/a-55241727; Zugegriffen: 13.01.2021.

waren mehr als doppelt so viele als die durchschnittlich ca. 20.000 Personen im selben Zeitraum in den fünf Jahren davor. Die offiziellen Zahlen wiesen für diesen Zeitraum 15.000 dem Virus zuzurechnende Todesfälle aus. Wie viele der anderen 26.000 auf die Gesamtzahl von 41.000 fehlenden Todesfälle direkt dem Virus zuzuordnen waren, konnte angesichts der oben beschriebenen vielfältigen Auswirkungen der Pandemie in Wirklichkeit gar nicht eruiert werden. Die in Zeitungen wiedergegebene Behauptung, dass die restliche Diskrepanz von ungefähr $41.000 - 35.000 = 6000$ Fällen zusätzlich auch auf Corona-Infektionen zurückzuführen wäre, ist deshalb nicht belegbar.[30] Je nach Auswirkung auf die anderen erwähnten Todesarten könnten es mehr, aber auch weniger als 6000 gewesen sein, die zusätzlich zu den 15.000 gemeldeten Fällen in Italien in diesem kurzen Zeitraum dem Virus zum Opfer fielen. Für Österreich berichtete die „Statistik Austria" für 2020 und 2021 eine Erhöhung der Sterbefälle um 10,6 beziehungsweise 8,7 % im Vergleich zum Mittelwert der fünf Jahre vor der Pandemie. Diese Steigerungen lagen auch deutlich über der unter Berücksichtigung der Veränderung der Bevölkerungszahl und der Altersstruktur erstellten Bevölkerungsprognose.[31]

Insgesamt kam es aber in allen Ländern in den beiden Jahren 2020 und 2021 (zu manchmal verschiedenen Zeitpunkten) zu ungewöhnlich hohen Übersterblichkeiten, was den Ernst der Lage völlig außer Zweifel stellt. Das Projekt „EuroMOMO" etwa stellt auf seiner Homepage standardisierte Sterberaten (Z-scores) für den Großteil der europäischen Länder dar (siehe etwa Abb. 9.7),

---

[30] https://www.oe24.at/coronavirus/italien-sterblichkeit-im-maerz-doppelt-so-hoch-wie-in-vorjahren/438711834; Zugegriffen: 24.01.2021.
[31] https://www.statistik.at/web_de/presse/127411.html; Zugegriffen: 11.02.2022.

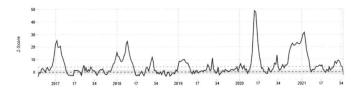

Abb. 9.7 Z-scores der Todesfälle im Untersuchungsgebiet laut „EuroMOMO (euromomo.eu) 2022"[32]

welche die sich von Grippe- oder Hitzewellen in Intensität und Dauer unterscheidenden Sterberaten während der Pandemie verdeutlicht.

Für die Pandemie noch zielgerichtetere Analysen stellen jene von Nemeth et al. (2021) und Karlinsky und Kobak (2021) dar. Auf der zur erstgenannten Arbeit gehörenden Webseite lassen sich Ziel- und Referenzperioden, Länder und Bevölkerungsgruppen auswerten.[33] In der zweiten wird durch den Vergleich mit offiziellen COVID-Sterbedaten diskutiert, in welchen Ländern (genannt werden Nicaragua, Russland, Tadschikistan, Usbekistan) es zu gravierendem Underreporting von COVID-19-Toten gekommen ist. Einem ähnlichen Ziel widmen sich unter anderem Campolieti (2021) für die USA und Silva und Figueiredo Filho (2021) für Brasilien unter Verwendung der Verfahren aus Kap. 7.

In Österreich werden auch auf regionaler Ebene die Sterblichkeitszahlen analysiert. So liefert das Mortalitätsmonitoring der Stadt Wien wöchentlich altersgruppen- und bundesländerspezifische aktuelle Sterbezahlen und zugehörige Bandbreiten (siehe etwa Abb. 9.8) mit dem deutlichen Effekt durch die Pandemie in der Altersgruppe 65+.

---

[32] https://www.euromomo.eu/graphs-and-maps; Zugegriffen: 11.02.2022.

[33] https://mpidr.shinyapps.io/stmortality/; Zugegriffen: 30.09.2021.

Österreich: Wöchentliche Todesfälle 2020 und 2021
Todesfälle pro Woche und erwartete Bandbreite nach Altersgruppe

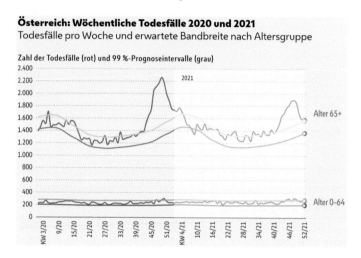

Abb. 9.8 Mortalitätsmonitoring   der   Landesstatistik   Wien
(Quelle: Statistik Austria)[34]

Im Rahmen der öffentlichen Diskussionen über Notwendigkeit und Auswirkungen der nichtpharmazeutischen COVID-19-Eindämmungsmaßnahmen   wurde   die Gefährlichkeit des Corona-Virus des Öfteren mit jener des Influenza-Virus verglichen, gegen dessen Auftreten man jedoch keine solchen Maßnahmen zusätzlich zum diesbezüglich vorhandenen Impfangebot mit einer Nutzung durch höchstens 10 % der Bevölkerung ergriffen hatte.[35] So schrieb etwa die „Wiener Zeitung" im Juni 2020 unter der Überschrift: „Deutlich mehr Influenza- als Corona-Tote": „Nach einer Mittwoch veröffentlichten Schätzung der Agentur für Gesundheit und Ernährungssicherheit (Ages) sind in der zu Ende gegangenen Influenza-Saison deutlich mehr Menschen in Österreich an der

„klassischen" Grippe gestorben als an Corona. Laut Ages-Berechnung kamen in der Saison 2019/2020 rund 834 Menschen ums Leben, gegenüber 673 an oder mit Coronavirus Verstorbene".[36] Auch zwei Monate später wurde ein AGES-Experte damit zitiert, dass es eine ähnliche Todesrate auch bei der Grippe gäbe.[37] Hierbei verglich man aber die Äpfel an Influenza-Todesfällen einer großteils noch normalen Grippesaison 2019/20 mit den Birnen der trotz der Maßnahmen an COVID-19 Verstorbenen. Der Vergleich *dieser* beiden Zahlen in Hinblick auf die Gefährlichkeit der beiden Infektionskrankheiten ist geradezu absurd. Letztere wäre unbestreitbar höher, wenn die Maßnahmen nicht gesetzt worden wären. Diese in der Medizin als „Präventionsparadoxon" bekannte Wahrnehmungsverzerrung basiert darauf, dass aufgrund von Prognosen über die Auswirkung einer bestimmten Gefährdung Maßnahmen gegen diese gesetzt werden, wodurch die Prognosen nicht eintreffen und der Eindruck entsteht, dass sie falsch waren.

Ein Ausweg aus diesem Äpfel-Birnen-Dilemma wäre, die modellgeschätzten[38] Influenza-Todeszahlen aus den Vorjahren mit Schätzungen der COVID-19-Todeszahlen bei ungehinderter Verbreitung des Virus zu vergleichen. Umgekehrt wäre es möglich, die Influenza- und COVID-19-Todesfälle bei den gleichen auch in Hinblick auf die Influenza-Viren sehr effektiven gegensteuernden Corona-Maßnahmen zu vergleichen. Ende Jänner 2021 wurde beispielsweise vermeldet: „Erstmals seit Jahrzehnten keine Grippewelle ... Heuer gibt es bis dato keine Grippefälle

---

[36] https://www.wienerzeitung.at/nachrichten/politik/oesterreich/2063848-Deutlich-mehr-Influenza-als-Corona-Tote.html; Zugegriffen: 01.09.2020.

[37] https://orf.at/stories/3178120/; Zugegriffen: 01.09.2020.

[38] https://www.ages.at/themen/krankheitserreger/grippe/mortalitaet/; Zugegriffen: 25.01.2021.

in Österreich. … Das Ausbleiben der Grippewelle zeigt sich in ganz Europa: Seit Ende 2020 wurden nur 2156 positive Proben des Influenza-Virus festgestellt. Im Vergleichszeitraum 2019/2020 waren es mit Anfang Jänner bereits 48.000 positive Proben."[39] Unter den für beide Virenerkrankungen gleichen Bedingungen des Lockdowns wurde in Österreich kein einziger Fall, geschweige denn *Todes*fall in Zusammenhang mit der Grippe registriert. Zum Vergleich gab es im betreffenden Zeitraum vom 1. bis 29. Jänner 2021 über 50.000 neue registrierte Corona-Infektionen und über 1400 -Todesfälle. Eine diese Fakten zusammenfassende Schlagzeile lautete: „Corona-Maßnahmen: Grippe-Saison praktisch ausgefallen."[40]

Welchen Ansatz man auch immer wählt, um die im Nachhinein zu stellende Frage nach der Notwendigkeit und Angemessenheit der getroffenen Maßnahmen zu beantworten, ist es im Sinne einer faktengerechten Bewertung eben unumgänglich, Äpfel mit Äpfeln oder Birnen mit Birnen zu vergleichen. Basierend darauf kann man dann persönlich darüber befinden, ob die Maßnahmen oder deren Ausmaß gerechtfertigt waren oder eben nicht. Aber erst dann wäre das eine fakten- und nicht auf bewusste Fakes oder unbewusste Irrtümer beruhende eigene Meinung. Iuliano et al. (2018) schätzten für die Verteilung der influenzabedingten jährlichen weltweiten Sterbezahlen *ohne* nichtpharmazeutische Maßnahmen ein 95 %-Intervall von 290.000 bis 650.000. Die Corona-Pandemie hatte laut den Daten der Johns-Hopkins-Uni-

---

[39] https://www.nachrichten.at/politik/innenpolitik/erstmals-seit-jahrzehnten-keine-grippewelle-in-oesterreich;art385,3344912; Zugegriffen: 02.02.2021.

[40] https://www.vienna.at/corona-massnahmen-grippe-saison-praktisch-aus-gefallen/6880208; Zugegriffen: 01.10.2021.

versität im Jahr 2020 *trotz* aller Maßnahmen weltweit über 1,8 Mio. Opfer gefordert.[41]

Dieselbe Äpfel-Birnen-Problematik ergibt sich bei allen Vergleichen von Zahlen, bei denen aber nur eine davon durch die Corona-Maßnahmen bedingt ist. So werden etwa bei einer Kosten-Nutzen-Rechnung der getroffenen Eindämmungsmaßnahmen oft aufseiten der Kosten die immensen wirtschaftlichen und gesellschaftlichen Auswirkungen z. B. durch den Rückgang der Wirtschaftsleistung, die erhöhte Arbeitslosigkeit oder die Schulschließungen angeführt, während aufseiten des Nutzens „nur" die Verhinderung einer noch höheren Anzahl von Corona-Todesfällen verbucht wird. Doch dieser an und für sich schon schwierig in Zahlen durchzuführende Vergleich hinkt, weil er davon ausgeht, dass es ohne die getroffenen Maßnahmen ausschließlich Auswirkungen auf das Gesundheitssystem gegeben hätte und alles andere wie vorher weitergelaufen wäre. Aber auch ein lockereres Umgehen mit der Pandemie hätte neben der gesundheitlichen Herausforderung dadurch Kollateralschäden verursacht, dass die sich daraus ergebende höhere Infizierungsrate und Sterblichkeit zu wirtschaftlichen und gesellschaftlichen Belastungen geführt hätten. Man denke auch an Long-COVID. Dies wäre bei einer solchen Kosten-Nutzen-Rechnung unbedingt miteinzubeziehen, wenn sie nicht gleich von Anfang an sinnlos sein soll. Ob der Komplexität dieser Betrachtungen war es anfangs wegen der gebotenen Eile unmöglich, eine solche abwägende Diskussion ernsthaft und geduldig zu führen. Aber auch in Hinblick auf Strategien für zukünftige Pandemien muss dieser unangenehme Diskurs unbedingt

---

[41] https://coronavirus.jhu.edu/map.html; Zugegriffen: 01.01.2021

stattfinden.[42] Dabei stellen sich selbstverständlich die Fragen, ob und wie die statistische Bewertung von Leben überhaupt zulässig sein sollte (siehe etwa Wynn, 2021).

Während PCR- und Antigentests jedenfalls dem Vorliegen einer aktiven Infizierung nachspüren, gehen „Antikörpertests" der Frage nach, ob jemand aufgrund einer überstandenen Infektion Antikörper zur Virusabwehr gebildet hatte. Im November 2020 wurde von der Statistik Austria in Österreich im Rahmen ihrer dritten Prävalenzstudie auch eine Antikörperstudie unter den zufällig ausgewählten Stichprobenpersonen auf Basis einer Kombination hochsensitiver und -spezifischer Bluttests durchgeführt. Damit konnte für den Zeitpunkt Ende Oktober 2020 geschätzt werden, dass rund 4,7 % oder ca. 350.000 Personen aus der gewählten Zielpopulation der in Österreich in Privathaushalten lebenden über 15-jährigen Personen eine SARS-CoV-2-Infektion durchgemacht und Antikörper dagegen gebildet hatten. Rund 105.000 davon waren bis dahin offiziell registriert worden.[43]

Um den wahren Anteil an antikörpertragenden Personen in der Bevölkerung nicht falsch durch den Anteil an positiven Befunden in der Bevölkerung zu schätzen, müssen Sensitivität und Spezifität des Tests in der Schätzung des wahren Anteils mitberücksichtigt werden (siehe Kap. 3). In einer groß angelegten Antikörper-Prävalenzstudie des Imperial Colleges in London testeten sich 99.908 zufällig ausgewählte Personen mittels Fingerkuppen-Bluttest selbst auf das Vorhandensein von Antikörpern (Ward et al., 2020). 5544 davon lieferten einen

---

[42] https://www.derstandard.at/story/2000121739207/wie-viele-lebensjahre-kostet-uns-covid-19-und-was-sind; Zugegriffen: 24.01.2021.

[43] https://www.derstandard.at/story/2000120049733/aktuelle-zahlen-coronavirus-oesterreich-corona-ampel-in-ihrem-bezirk; Zugegriffen: 24.01.2021.

positiven Befund. Sensitivität und Spezifität des Selbsttests lagen bei 84,4 beziehungsweise 98,6 %. Auf Basis dieser Informationen ließ sich die Anzahl x an tatsächlich Antikörpertragenden seriös zu schätzen. Denn von dieser gesuchten Anzahl werden durchschnittlich 84,4 % ein korrekt-positives Testergebnis liefern. Von den restlichen (99.908 − x) tatsächlich keine Antikörper Tragenden würden durchschnittlich 1,4 % ein falsch-positives Ergebnis erhalten. Insgesamt wurden 5544 positive Befunde gefunden, die sich somit aus einem Teil korrekt- und einem Teil falsch-positiver Testergebnisse zusammensetzen: $x \cdot 0{,}844 + (99.908 − x) \cdot 0{,}014 = 5544$. Aus dieser Gleichung lässt sich nun die interessierende Anzahl x unter den 99.908 Testpersonen wie folgt schätzen:

$$x = \frac{5544 − 99.908 \cdot 0{,}014}{0{,}844 − 0{,}014} \approx 4994$$

Es wurde also vermutet, dass tatsächlich nur 4994 und nicht 5544 aller 99.908 Personen Antikörper im Blut aufwiesen. Nach der Repräsentationsgewichtung der einzelnen Personen in dieser Zufallsstichprobe wurde schließlich die Prävalenz in der englischen Bevölkerung ab 18 Jahren mit 6,0 % geschätzt.

Bezüglich der Bildung von Antikörpern interessierte natürlich auch die Frage, ob ein Vorhandensein von Antikörpern längerfristig nachweisbar ist. Ein Detail einer Studie zur immunologischen Beurteilung von asymptomatischen SARS-CoV-2-Infektionen machte medial Schlagzeilen: „Geringere Immunität nach milden Infektionen"[44]. Es hieß weiter: „Deutliche Unterschiede … Nur 62,2 Prozent aus der Gruppe ohne Symptome

---

[44] https://science.orf.at/stories/3200978/; Zugegriffen: 01.09.2020.

hatten drei bis vier Wochen nach der Infektion noch Kurz-
zeit-Antikörper im Blut – verglichen mit 78,4 Prozent der
symptomatischen Patienten."

Die Differenz der beiden Prozentzahlen erscheint
auf den ersten, statistisch unkundigen Blick durchaus
beachtlich. Die Frage ist jedoch nicht einzig, ob diese
Differenz groß ist, sondern, ob sie sich statistisch signifikant von solchen Differenzen unterscheidet, die man
dann in Stichproben beobachten würde, wenn es in den
beiden Populationen tatsächlich keine Unterschiede gäbe
(siehe Kap. 6). Dies ist eben nicht nur eine Frage des
Ausmaßes des Unterschieds, sondern auch der von den
Stichprobenumfängen   abhängigen   Schätzgenauigkeit.
Im gegenständlichen Fall bestanden die beiden Stichproben jeweils nur aus ganzen 37 (!) Personen (vgl. Long
et al., 2020). In der Gruppe mit asymptomatischen Verläufen wiesen die Forschenden 3 bis 4 Wochen nach der
Infektion bei nur mehr 23 der 37 Personen Antikörper
einer bestimmten vorgegebenen Menge nach, während
das in jener mit symptomatischen Verläufen bei 29 von
37 der Fall war (vgl. ibid., S. 1201). Eine einzige Person
mehr oder weniger in einer der beiden Stichproben würde
bei diesen Stichprobenumfängen den Abstand der Prozentzahlen voneinander gleich um 2,7 Prozentpunkte
verändern. Führt man bei dieser großen Ungenauigkeit
einen Test auf statistische Signifikanz der Differenz dieser
beiden Prozentzahlen auf dem üblichen Signifikanzniveau von 5 % durch, so spricht das gefundene Ergebnis von 16,2 Prozentpunkten nicht statistisch signifikant
gegen die Gleichheit der Prozentsätze in den beiden sich
durch die Symptome unterscheidenden Populationen
(p-Wert: 0,127). Der zwar nicht im Forschungspapier,
aber medial betonte „deutliche Unterschied" ist statistisch

bei so kleinen Stichproben zu gering. Zur Erhöhung der Mächtigkeit des Tests, also der Wahrscheinlichkeit dafür, dass man einen vorhandenen Unterschied auch erkennt, wären höhere Stichprobenumfänge nötig gewesen.

Insgesamt bleibt aber die Frage, weshalb die Behörden weitgehend auf die Erhebung des Antikörperstatus verzichtet haben. Schon eine verpflichtende Bestimmung bei Bluttests etwa im Laufe von Gesundenuntersuchungen, Blutspenden und anderen Gelegenheiten, hätte zusätzliche wertvolle Information zu geringen Kosten bedeutet.

9.4 Impfen, Impfen, Impfen

Den gesellschaftlich umstrittensten Aspekt der Analyse der Pandemie stellen zweifellos die Impfungen und deren Sinnhaftigkeit dar. Während in Deutschland Impfinformationen auch über das RKI[45] bekannt gegeben wurden, wurde in Österreich ein separates Dashboard[46] des Gesundheitsministeriums eingerichtet. Auch hier kam es wiederholt zu Kritik an mangelnder Datenverfügbarkeit, z. B. über die regionale Impfstoffverfügbarkeit und -verbreitung, Impfnebenwirkungen, oder den Impfstatus der Hospitalisierten.

Über die Impfwirksamkeit wurde man allerdings von Anfang an recht gut informiert. Hier kam es allenfalls zu Interpretationsschwierigkeiten. Nicht zuletzt die Frage, was ein zu 95 % vorhandener Impfschutz eigentlich bedeutet, wurde oft gestellt und unbefriedigend abgehandelt. Wir wollen anhand der Daten der ersten

---

[45] https://www.rki.de/DE/Content/InfAZ/N/Neuartiges_Coronavirus/Daten/ Impfquoten-Tab.html; Zugegriffen: 01.10.2021.

[46] https://info.gesundheitsministerium.gv.at; Zugegriffen: 02.02.2022.

Pfizer/Biontech-Zulassungsstudie[47], die Sachlage mittels der aus Kap. 3 bekannten Rechenweise schildern: Die aus den klinischen Studien bekanntgegebene Kenngröße betrifft die sogenannte „Impfstoffwirksamkeit", von den Statistikern M. Greenwood und G. U. Yule (1915) erstmals formuliert, welche die proportionale Verringerung der Inzidenz von geimpften im Vergleich zu ungeimpften Personen unter kontrollierten Laborbedingungen angibt. Ist N_G die Zahl der Geimpften (G) und $N_{\bar{G}}$ die der Ungeimpften ($\bar{G}$), sowie K_G die der erkrankten Geimpften beziehungsweise $K_{\bar{G}.]}$ die der erkrankten Ungeimpften, dann ergibt sich die Impfstoffwirksamkeit aus

$$\left(1 - \frac{K_G \, / \, N_G}{K_{\bar{G}} \, / \, N_{\bar{G}}} \right) \cdot 100\,\%$$

An der klinischen Studie von Pfizer nahmen insgesamt $N = 43.661$ Personen teil, wovon der Hälfte der tatsächliche Wirkstoff verabreicht wurde, der anderen Hälfte jedoch ein Placebo. Von den $K = 170$ danach an COVID-19 erkrankten Teilnehmer:innen waren nur 8 sogenannte „Impfdurchbrüche" aus der Geimpftengruppe. Somit galt $N_G = N_{\bar{G}} \approx 21.830$, $K_G = 8$ und $K_{\bar{G}} = 162$, was eine Impstoffwirksamkeit von $1 - 8/162 \cdot 100 > 95\,\%$ ergab, die weltweit kolportierte Zahl. Man bemerke, dass der Abstand zu 100 %, also das Verhältnis $(K_G/N_G)/(K_{\bar{G}}/N_{\bar{G}})$ $\cdot 100 = 8/162 \cdot 100 < 5\,\%$ angibt, auf wie viel Prozent des Risikos der Ungeimpften sich das Risiko durch die Impfung reduziert. Eine ungeimpfte Person hatte somit ein etwa zwanzigfach höheres Risiko, überhaupt an COVID-19 zu erkranken, als eine geimpfte! Vom Unterschied in

[47] https://www.pfizer.com/news/press-release/press-release-detail/pfizer-and-biontech-conclude-phase-3-study-covid-19-vaccine; Zugegriffen: 01.10.2021.

der Schwere der jeweiligen Erkrankungen ist hier noch gar nicht die Rede.

Man darf nun aber als geimpfter Mensch natürlich nicht den Fehler machen, diese 5 % mit dem individuellen Risiko zu verwechseln, an COVID-19 zu erkranken. Mit den gegebenen Daten ergäbe sich ein solches von $8/21.830 \cdot 100 = 0,036\,\%$ unter den Geimpften und ein zwanzigfaches Risiko $(162/21.830 \cdot 100 = 0,74\,\%)$ unter den Ungeimpften. Diese Ergebnisse erhält man natürlich auch mit dem Satz von Bayes (siehe Kap. 3), man sucht ja die bedingte Wahrscheinlichkeit $P(K|G) = P(G|K) \cdot P(K)/P(G)$. Für die gegebene klinische Studie ergibt dies z. B. $P(G|K) = 8/170$, $P(K) = K/N = 170/43.661$, $P(G) = 21.830/43.661 \approx 0,5$. Es ergibt sich damit wieder, aber auch aus den Zahlen direkt ablesbar, $P(K|G) = 8/21.830$. In Hinblick auf das individuelle Risiko in der allgemeinen Bevölkerung mag zwar diese Wahrscheinlichkeit ähnlich sein, aber K und G sind hier im Unterschied zur Studie nicht fixiert. Dieses individuelle Risiko hängt also direkt vom Verhältnis $P(K)/P(G) = K/G$ ab!

Die kolportierten Impfstoffwirksamkeiten, welche übrigens für alle in der EU zugelassenen Impfstoffe ähnlich hohe Werte hatten, darf man aber auch nicht mit der sogenannten Impfstoffeffektivität verwechseln. Diese gibt den Impfschutz an, der unter realen Bedingungen in der allgemeinen Bevölkerung erzielt werden kann und deutlich unter der Impfstoffwirksamkeit liegen kann und unter anderem auch von der Impfrate abhängt. Aufschluss darüber kann man nur in Beobachtungsstudien gewinnen, also der Betrachtung der aktuellen Inzidenzen getrennt nach Impfstatus.[48] Je nach Alters-

---

[48] https://www.ages.at/themen/krankheitserreger/coronavirus/; Zugegriffen: 01.20.2021.

gruppe hat diese Effektivität noch während der Delta-Welle erfreuliche Größenordnungen angenommen. Die darauf folgende Omikron-Welle hat jedoch das Bild völlig verändert. Hier war der Schutz vor Infektion mit dem Virus praktisch nicht mehr gegeben. Glücklicherweise kam es jedoch weitgehend zur Entkoppelung der in dieser Welle explodierenden Infektionszahlen und der Hospitalisierungen.

Klar ist jedenfalls, dass der Schutz durch eine Impfung nie hundertprozentig ist, was zum Beispiel der unglückliche Begriff „Vollimmunisierung" für eine Person mit zunächst doppelter (später dreifacher) Impfung suggerierte. Man kann sich, wie spätestens in der Omikronwelle allen klar wurde, auch als geimpfte Person mit dem Virus infizieren, daran erkranken oder sogar sterben. Allerdings ist das Risiko dafür – wie gezeigt – stark reduziert, was auch in den nur leider wenigen diesbezüglich aufgegliederten Hospitalisierungsstudien dokumentiert wird. Eine weitere Quelle für bewusste und unbewusste Missinterpretationen bietet der statistische Effekt, dass der Anteil der Geimpften unter den schwer erkrankten und verstorbenen Patient:innen im Zeitverlauf ansteigen muss. Denn desto mehr Personen sich zu einer Impfung entschließen, desto weniger Ungeimpfte kann es treffen! Im Extremfall einer völligen Durchimpfung der Bevölkerung wären ja überhaupt nur noch Geimpfte unter den dennoch vorkommenden Erkrankten zu finden.

Sicherlich ist das Vermitteln all dieser unterschiedlichen Risiken eine Herausforderung auch für unsere Profession der Statistiker:innen. Das Harding-Zentrum für Risikoprävention[49] hat dafür Faktenboxen entwickelt, die nach

---

[49] https://www.hardingcenter.de/de/mrna-schutzimpfung-gegen-covid-19; Zugegriffen: 01.10.2021.

den im Kap. 1 behandelten Prinzipien erstellt wurden und bei der Aufklärung der Öffentlichkeit dienlich sein können. Insgesamt kann kein Zweifel darüber bestehen, dass Impfen jener Gamechanger[50] sein konnte, der so dringend benötigt wurde. Individuell musste jeder Mensch zwischen der deutlichen Risikoverminderung durch die Impfung und der eigenen Angst vor den in geringer Zahl berichteten schweren Impfreaktionen faktenbasiert abwägen.

Ferner lag dieselbe Problematik wie bei der Teilnehmer:innenquote an Messentestungen aus Abschn. 9.3 auch bei den seit Ende 2020 berechneten Impfquoten vor. Dabei wurden sowohl in Deutschland als auch in Österreich der Anteil der vollständig geimpften Personen an der Gesamtbevölkerung berechnet. Diese umfasste allerdings auch den nichtimpffähigen Teil der Bevölkerung wie Personen bestimmter Alterskategorien und Personen, die aus medizinischen Gründen (z. B. weil sie erst kürzlich von einer COVID-19-Erkrankung genesen waren) als nicht impffähig eingestuft wurden. Eine 100-%ige Impfquote war somit auch theoretisch niemals erreichbar. Bei einem angenommenen Anteil des nichtimpffähigen Teils der Bevölkerung von 12 % hätte somit eine Impfquote von 65 % der Gesamtbevölkerung einer realen Impfquote von $65/88 \cdot 100 \approx 74$ % der impffähigen Bevölkerung entsprochen. Ländervergleiche hinkten somit, wenn sich diese z. B. hinsichtlich der Altersstruktur ihrer Bevölkerung unterschieden. Diese Quoten für den Vergleich der Impfbereitschaft verschiedener Länder heranzuziehen, entbehrte demnach einer einheitlichen Basis.

---

[50] https://www.derstandard.at/story/2000129592821/oberoesterreichs-fpoe-chef-haimbuchner-die-impfung-ist-nicht-der-gamechanger; Zugegriffen: 01.10.2021.

9.5   Papers, Papers, Papers

Einen unerwarteten, ebenso unerfreulichen Effekt der Pandemie, konnte man direkt im Berufsfeld der Autoren beobachten: So kam es zu einem enormen Anstieg der zum Thema veröffentlichten Fachliteratur bei gleichzeitiger Beschleunigung (oder Umgehung) des Begutachtungsprozesses, rasch „Paperdemic" genannt. Man bekam den Eindruck, dass alle so schnell wie möglich ihren wissenschaftlichen Senf dazu geben wollten. Dies lag natürlich auch den gestiegenen Finanzierungsmöglichkeiten diesbezüglicher Projekte, denn Corona-Forschung war sexy! Zu welchen Qualitätsproblemen dies führte, beschrieb zum Beispiel Dinis-Oliveira (2020). In welchem Ausmaß das schon recht früh in der Pandemie geschah, kann man etwa bei Moradi und Abdi (2021) nachlesen. Und auch wir konnten offenbar der Versuchung nicht widerstehen, der Pandemie dieses abschließende Kapitel zu widmen. Vertreter:innen der akademischen Statistik waren übrigens in Österreich nur recht geringfügig in den Corona-Diskurs eingebunden, während es etwa in Bayern durch die an der LMU München eingerichteten CODAG[51] früh und regelmäßig zu einer Auseinandersetzung mit dem Thema kam.

Die Corona-Pandemie führte vorübergehend zu einem deutlichen Rückgang der globalen fossilen CO_2-Emissionen.[52] Eine nachhaltige Auswirkung der Pandemie auf den menschenverursachten Klimawandel könnte man

---

[51] https://www.covid19.statistik.uni-muenchen.de/index.html; Zugegriffen: 13.02. 2022.
[52] https://www.mpg.de/16175501/1214-ebio-corona-pandemie-fuehrt-zu-einem-rekorddrueckgang-der-globalen-co2-emissionen-152860-x; Zugegriffen: 01.20.2021.

aber aus der darin gemachten Erfahrung ableiten, dass Fakten in Zeiten der Unsicherheit sowohl den politisch Handelnden als auch dem daran interessierten Teil der Bevölkerung Halt geben können, sofern sich diese Fakten auch vermitteln lassen.

Am 10. April 2020 prophezeite der damalige, das Ausmaß der Pandemie regelmäßig herunterspielende amerikanische Präsident Trump in einer seiner berüchtigten Pressekonferenzen, dass die Zahl der Corona-Toten in den Vereinigten Staaten substantiell unter den anfänglichen Schätzungen der Expert:innen bleiben werde, die – je nach Ausmaß der einschränkenden Maßnahmen – von mindestens 100.000 bis 2,2 Mio. Toten in den U.S.A. ausgingen.[53] In einer traurigen Zwischenbilanz überstieg Ende Jänner 2022 die Zahl der Corona-Toten in den U.S.A. laut Angaben der Johns-Hopkins-Universität die Zahl von 900.000.[54] Auf dramatische Weise hatte sich auch damit erwiesen, dass es zu Fakten keine Alternative gibt. In Hinblick auf die erwünschte Fähigkeit zur Unterscheidung zwischen Fakten und Fakes war und ist wer Statistik versteht klar im Vorteil!

Literatur

an der Heiden, M., & Hamouda, O. (2020). Schätzung der aktuellen Entwicklung der SARS-CoV-2-Epidemie in Deutschland – Nowcasting. *Epidemiologisches Bulletin, 17,* 10–16. https://www.rki.de/DE/Content/Infekt/EpidBull/Archiv/2020/17/Art_02.html. Zugegriffen: 6. Okt. 2021.

---

[53] https://www.whitehouse.gov/briefings-statements/remarks-president-trump-vice-president-pence-members-coronavirus-task-force-press-briefing-24/; Zugegriffen: 01.09.2020.

[54] https://coronavirus.jhu.edu/map.html; Zugegriffen: 02.02.2022.

Campolieti, M. (2021). COVID-19 deaths in the USA: Benford's law and under-reporting. *Journal of Public Health*, fdab161. https://doi.org/10.1093/pubmed/fdab161.

Clopper, C., & Pearson, E. S. (1934). The use of confidence or fiducial limits illustrated in the case of the binomial. *Biometrika*, *26*, 404–413. https://doi.org/10.1093/biomet/26.4.404.

Dinis-Oliveira, R. J. (2020). COVID-19 research: Pandemic versus "paperdemic", integrity, values and risks of the "speed science". *Forensic Sciences Research, 5*(2), 174–187. https://doi.org/10.1080/20962790.2020.1767754.

Gostic, K. M., McGough, L., Baskerville, E. B., Abbott, S., Joshi, K., Tedijanto, C., Kahn, R., Niehus, R., Hay, J., De Salazar, P. M., Hellewell, J., Meakin, S., Munday, J., Bosse, N. I., Sherrat, K., Thompson, R. N., White, L. F., Huisman, J. S., Scire, J., Bonhoeffer, S., Stadler, T., Wallinga, J., Funk, S., Lipsitch, M., & Cobey, S. (2020). Practical considerations for measuring the effective reproductive number, Rt. *MedRχiv*. https://doi.org/10.1101/2020.06.18.20134858.

Greenwood, M., & Yule, G. U. (1915). *The statistics of anti-typhoid and anti-cholera inoculations, and the interpretation of such statistics in general.* https://www.ncbi.nlm.nih.gov/pmc/articles/PMC2004181/. Zugegriffen: 6. Okt. 2021.

Grossmann, W., Hackl, P., & Richter, J. (2021). Corona: Concepts for an improved statistical database. *Austrian Journal of Statistics, 50*(5), 1–26. https://ajs.or.at/index.php/ajs/article/view/1350. Zugegriffen: 6. Okt. 2021.

Günther, F., Bender, A., Katz, K., Küchenhoff, H., & Höhle, M. (2021). Nowcasting the COVID-19 pandemic in Bavaria. *Biometrical Journal, 63*(3), 490–502. https://doi.org/10.1002/bimj.202000112.

Hirk, R., Kastner, G., & Vana, L. (2020). Investigating the dark figure of COVID-19 cases in Austria: Borrowing from the decode genetics study in Iceland. *Austrian Journal of Statistics, 49*(4), 1–17. https://doi.org/10.17713/ajs.v49i4.1142.

Iuliano, A. D., Roguski, K. M., Chang, H. H., Muscatello, D. J., Palekar, R., Tempia, S., Cohen, C., Gran, J. M., Schanzer, D., Cowling, B. J., Wu, P., Kyncl, J., Ang, L. W., Park, M., Redlberger-Fritz, M., Yu, H., Espenhain, L., Krishnan, A., Emukule, G., van Asten, L., Pereira da Silva, S., Aungkulanon, S., Buchholz, U., Widdowson, M.-A., Bresee, J. S., for the Global Seasonal Influenza-associated Mortality Collaborator Network. (2018). Estimates of global seasonal influenza-associated respiratory mortality: A modelling study. *The Lancet, 391*(10127), 1285–1300.

Karlinsky, A., & Kobak, D. (2021). The world mortality dataset: Tracking excess mortality across countries during the COVID-19 pandemic (S. 2021.01.27.21250604). *MedRχiv*, https://doi.org/10.1101/2021.01.27.21250604.

Kowarik, A., Paskvan, M., Weinauer, M., Till, M., Schrittwieser, K., & Göllner, T. (2022). Assessing SARS-CoV-2 prevalence in Austria with sample surveys in 2020 – A report. *Austrian Journal of Statistics, 51*, 27–44. https://doi.org/10.17713/ajs.v51i3.1320.

Long, Q.-X., Tang, X.-J., Shi, Q.-L., Li, Q., Deng, H.-J., Yuan, J., Hu, J.-L., Xu, W., Zhang, Y., Lv, F.-J., Su, K., Zhang, F., Gong, J., Wu, B., Liu, X.-M., Li, J.-J., Qiu, J.-F., Chen, J., & Huang, A.-L. (2020). Clinical and immunological assessment of asymptotic SARS-CoV-2 infections. *Nature Medicine, 26,* 1200–1204. https://www.nature.com/articles/s41591-020-0965-6?fbclid=IwAR2C_zNQA7_N_A8RV3Q5ZzWriY-Vf01rOC7Nb-nlRNbGt9W6nmIxKKem4BI. Zugegriffen: 6. Okt. 2021.

Manski, C. F., & Molinari, F. (2021). Estimating the COVID-19 infection rate: Anatomy of an inference problem. *Journal of Econometrics, 220*(1), 181–192. https://doi.org/10.1016/j.jeconom.2020.04.041.

Meng, X.-L. (2020). COVID-19: A massive stress test with many unexpected opportunities (for Data Science). *Harvard Data Science Review.* https://doi.org/10.1162/99608f92.1b77b932.

Moradi, S., & Abdi, S. (2021). Pandemic publication: Correction and erratum in COVID-19 publications. *Scientometrics, 126*(2), 1849–1857. https://doi.org/10.1007/s11192-020-03787-w.

Németh, L., Jdanov, D. A., & Shkolnikov, V. M. (2021). An open-sourced, web-based application to analyze weekly excess mortality based on the Short-term Mortality Fluctuations data series. *PLOS ONE, 16*(2), e0246663. https://doi.org/10.1371/journal.pone.0246663.

Quatember, A. (2019). *Datenqualität in Stichprobenerhebungen. Eine verständnisorientierte Einführung in die Survey-Statistik* (3. Aufl.). Springer Spektrum.

Rendtel, U., Liebig, S., Meister, R., Wagner, G. G., & Zinn, S. (2021). Die Erforschung der Dynamik der Corona-Pandemie in Deutschland: Survey-Konzepte und eine exemplarische Umsetzung mit dem Sozio-oekonomischen Panel (SOEP). *AStA Wirtschafts- und Sozialstatistisches Archiv, 15*, 155–196. https://doi.org/10.1007/s11943-021-00296-x.

Richter, L., Schmid, D., & Stadlober, E. (2020). *Methoden-beschreibung für die Schätzung von epidemiologischen Parametern des COVID19 Ausbruchs, Österreich.* https://www.ages.at/download/0/0/e03842347d92e5922e76993df9ac8e9b28635caa/fileadmin/AGES2015/Wissen-Aktuell/COVID19/Methoden_zur_Sch%C3%A4tzung_der_epi_Parameter.pdf. Zugegriffen: 22. Sept. 2021.

Rizzo, M., Foresti, L., & Montano, N. (2020). Comparison of reported deaths from COVID-19 and increase in total mortality in Italy. *Journal of the American Medical Association Internal Medicine, 180*(9), 1250–1252. https://jamanetwork.com/journals/jamainternalmedicine/fullarticle/2768649. Zugegriffen: 6. Okt. 2021.

Silva, L., & Figueiredo Filho, D. (2021). Using Benford's law to assess the quality of COVID-19 register data in Brazil. *Journal of Public Health, 43*(1), 107–110. https://doi.org/10.1093/pubmed/fdaa193.

Ward, H., Atchison, C., Whitaker, M., Ainslie, K. E. C., Elliott, J., Okell, L., Redd, R., Ashby, D., Donnelly, C. A., Barclay, W., Darzi, A., Cooke, G., Riley, S., & Elliott, P. (2020). *Antibody prevalence for SARS-CoV-2 following the peak of the pandemic in England: REACT2 study in 100,000 adults.* https://www.imperial.ac.uk/media/imperial-college/institute-of-global-health-innovation/Ward-et-al-120820.pdf. Zugegriffen: 14. Aug. 2020.

Wynn, H. P. (2021). *Against sacrifice.* Troubador Publishing Ltd. https://www.troubador.co.uk/bookshop/history-politics-society/against-sacrifice/. Zugegriffen: 21. Sept. 2021.

Stichwortverzeichnis

A

Alternativhypothese s.
  Einshypothese
Anpassungstest 138, **145**
  χ^2-Test 140, 145
Anscombe-Quartett 48
Antigen-Schnelltest 181
Antikörper-Prävalenzstudie
  196
Arithmetisches Mittel 37
Armutsgefährdung 38, 39
Aufschlagquote 35

B

Balkendiagramm 2
Ballot-Stuffing 106

Bayes-Regel 60, **70**
Benford-Erweiterung **146**
Benford-Gesetz 133
Benford-Verteilung 134, 143
Big Data 83, 118, **130**
Bubble-Plot 42, 43
Bundespräsidentenwahl 2016
  97

C

Chart-Junk 8
Clopper-Pearson-Intervall
  172
Cook-Distanzen 105, 106,
  108
Copula 156, **159**

© Der/die Herausgeber bzw. der/die Autor(en), exklusiv lizenziert
an Springer-Verlag GmbH, DE, ein Teil von Springer Nature 2022
W. Müller und A. Quatember, *Fakt oder Fake? Wie
Ihnen Statistik bei der Unterscheidung helfen kann*,
https://doi.org/10.1007/978-3-662-65352-4

Corona-Statistiken 165
Corona-Todesfall 185
COVID-19-Prävalenzstudien
    170

D
Darmkrebsbluttest 64
Darmkrebsrisiko 31
Dashboards 166
Data Literacy VIII
Datenqualität 83
Datenquantität 83
Daten-Tinte-Verhältnis 8
Desinformation, statistische
    s. Fake, statistischer
Desinformationsgrafik 8, 9,
    12
Differential Invalidation 106
Down-Syndrom 64
Dunkelziffer 170
Durchschnitt 37

E
Effekt 118
Einfachregression, lineare **108**
Einshypothese 114
EU-Sommerzeitumfrage 81
Extremwertverteilung, ver-
    allgemeinerte s. Fisher-
    Tippett-Verteilung

F
Fake, statistischer VII
Fakten, alternative X

Falschinformation,
    statistische s. Irrtum,
    statistischer
Fälschung, statistische s. Fake,
    statistischer
Fisher-Tippett-Verteilung
    154, **158**

G
G-Test 145

H
Häufigkeit 23
Häufigkeitstabelle 23
Häufigkeitsverteilung **22**, 36
HIV-Schnelltest 58
HIV-Screening 60
Hockeyschläger-Diagramm
    152

I
Impfquoten 203
Impfstoffwirksamkeit 201
Impfwirksamkeit 199
Informationsgrafik 1, 24
Irrtum, statistischer VIII
ISOTYPE 2

K
Kartenanamorphote 20
Kartogramm 20, 21
Kennzahl, statistische 1, 36,
    51

Kleinst-Quadrate-Schätzer 109
Klimaerwärmung 149
Konfidenzintervall 85, **94**
Korrelationskoeffizient 41, 52
Kovarianz 52
Kreisdiagramm 2

L

Landkarte 19
Liniendiagramm 2
Literary Digest Desaster 76

M

Mächtigkeit s. Power
Mammografie 64
Median 37, 39, 51
Mittel, arithmetisches 37
Mittelwert 37, 51
    7-Tage-Mittelwert 168
    gleitender 168

N

Newcomb-Benford-Gesetz s.
    Benford-Gesetz
Nullhypothese 113

P

Paperdemic 204
p-hacking 123
Piktogramm 2, 15, 18
Population 74
Power 118

Prävalenz 34, 65, 170
Präventionsparadoxon 193
Prozent XIII
Prozentpunkte XIII, **50**
Prozentzahl 23, 29, 30, 36, **50**
PSA-Test 64
Publication Bias 122
p-Wert 116, 130

Q

Q-Q-Plot 154, 155, **158**
Quotenverfahren 76

R

Rapid point-of-care HIV Test 59, 61
Regressionsgerade 48, **53**, 101
Repräsentativität 74, **93**
Reproduktionszahl 169, 171
Residuen 54, 100, 102
    extern studentisierte **108**

S

Säulendiagramm 2
Scheinzusammenhang 44, 45
Schneeballsystem 79
Sensitivität 59, 65, 182, 196
Sieben-Tage-Inzidenz 169
Signifikanzniveau 116, 117
Signifikanz-Relevanz-
    Problematik 118
Signifikanztest 113, 128

Simpsons Paradoxon 70
Sonntagsfrage 85
Spezifität 59, 65, 182, 196
Spitalsbettenbelegung 184
Stabdiagramm s.
    Säulendiagramm
Statistical Literacy VIII
Stichprobenschwankung 85,
    86
Stochastik 59
Streudiagramm 42, 47

T

Tail-Dependence 157
Testergebnis
    falsch-negatives 60
    falsch-positives 60
    statistisch signifikantes
    118
The Lady Tasting Tea 112
Tortendiagramm s.
    Kreisdiagramm
t-Test 129
Tukey-Anscombe-Plot
    102–104, 109

U

Übersterblichkeit 188, 190

V

Varianz 52
Verhältnisschätzer 177
Versuchsplanung 113

W

Wahlfingerabdruck 105, 107
Wahlgrafik 22
Wahrscheinlichkeit 59
Wert, mittlerer 37
Wiener Methode der Bild-
    statistik 2

Z

Zentralwert 37
Zufallsstichprobe
    einfache 75

Printed in the United States
by Baker & Taylor Publisher Services